Chung Ku
Publishing

Salon
Esthetic

살롱에스테틱

강수경 · 김경란 · 김숙경 · 박경순
박정신 · 정주미 · 최미옥 · 최수미

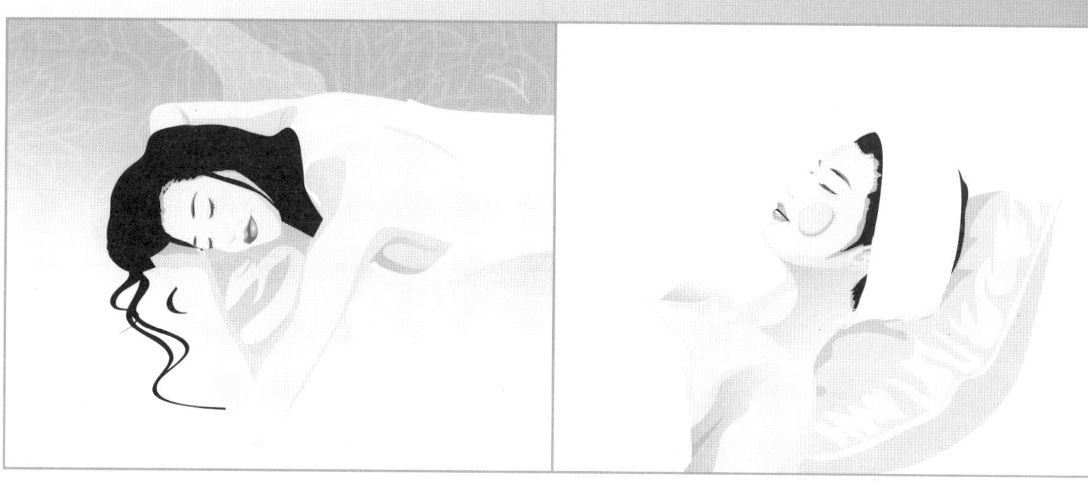

청구문화사

머리말

2008년은 피부미용 분야에 큰 의미가 있는 시기라고 할 수 있다. 금년 10월 피부미용사 국가 자격 시험이 시행될 예정이며, 이는 피부미용 산업 분야의 발전과 변화를 가져올 것으로 기대하고 있다. 따라서 체계적 교육과 전문 서적의 필요성은 산업의 발전과 더불어 절대적 요소라 할 수 있다.

현재, 피부미용이 대학에서 교육되기 시작하면서 다양한 서적이 출간되었고, 피부미용사 국가 자격 시험을 대비한 교재가 다양하게 출간되고 있다. 기존의 피부미용 전문서적은 기초 및 피부미용 업무의 전반적인 내용을 다룬 서적이 주를 이루고 있으며, 실제 피부미용 현장에서 응용할 수 있는 서적은 부족한 실정이다.

이에 본 저자들은 피부미용 현장에서 다루어지고 있는 피부관리 방법을 기본에 충실하여 제시하고자 하였다.

본 서의 구성은 살롱 트리트먼트의 개요, 피부상담과 분석, 피부관리와 위생, 피부관리와 화장품, 피부미용 기기, 피부유형의 특징 및 관리, 피부문제의 특징 및 관리, 부분관리 순으로 되어 있다. 또한 학생들이 실습 보고서를 작성하도록 하여 반복과 탐구 학습이 가능할 수 있도록 구성하였다. 부록 편에서는 전문제품 화장품 정보, 고객카드의 양식을 수록하였다.

본 서에서는 피부관리 현장의 트리트먼트 방법을 최대한 근접하게 집필하고자 하였으나, 에스테틱의 빠르게 변화되고 있는 트랜드를 고려한 내용을 수록하지 못한 점이 아쉬움으로 남는다. 지속적으로 최신 정보와 참고 자료를 수집하고, 전문가의 고견을 경청하여 보완 · 수정할 것을 약속드린다. 또한 본 교재를 참고하시는 모든 분들과 피부미용을 공부하는 학생들에게 도움이 되었으면 하는 바램이다.

본 서를 집필하는데 도움을 주신 여러분들과 전문제품 정보를 제공해 주신 회사 관계자, 그리고 정성으로 편집을 해 주신 청구문화사 가족 여러분께 감사들 드립니다. 끝으로 부족한 원고의 출판을 허락해 주시고, 배려와 격려를 해 주시는 청구문화사 이상태 사장님께 깊은 감사를 드립니다.

2008년 2월

저자 일동

목 차

제Ⅴ장 피부미용 기기

제Ⅵ장 피부유형의 특징 및 관리

제Ⅶ장 피부문제의 특징 및 관리

제Ⅷ장 부분 관리

제 I 장
살롱 트리트먼트의 개요

Ⅰ장 살롱 트리트먼트의 개요

1. 살롱 트리트먼트(Salon Treatment)의 목적

사람들은 자신을 아름답고 건강하게 관리하기 위해 여러가지 노력을 한다. 그 중, 피부관리는 아침에 세안을 하는 것에서 부터 시작된다고 볼 수 있다. 관리하는 장소와 방법만 다를 뿐 피부의 위생과 건강을 유지하기 위한 목적은 같다. 살롱 트리트먼트는 전문 피부관리실에서 행해지는 과정으로, 피부미용사의 올바른 피부지식과 전문적인 트리트먼트에 의해서 피부문제를 바로 잡고, 건강하게 유지될 수 있도록 관리하는 작업을 말한다.

그 구체적 목적은 상담을 통하여 피부유형과 상태를 정확하게 파악하고, 그에 적합한 피부관리 방법을 계획하고 효율적으로 실행하는 것이다. 또한 고객의 심리적 안정감을 유도하여 내·외적인 미용효과를 높이고자 하는 것이다. 살롱 트리트먼트는 고객 한 사람 한 사람의 필요성에 대응한 기술과 서비스, 홈 케어 어드바이스를 제공해야 한다. 따라서 이론과 실무를 겸비한 피부미용사에 의해 시행되어야 한다. 최근의 피부관리 마케팅은「고객의 요구(wants)에 대응하는」상품과 서비스 개발을 목적으로 변화되고 있다. 즉「에스테틱의 필요성이 있는 살롱이란 고객에게 있어서 꼭! 가보고 싶은 살롱」이라는 것을 의미한다. 고객의 취미와 라이프 스타일 등을 고려하여 고객 개인의 요구(wants)에 대응할 수 있는 개인 맞춤 피부관리가 필요하다는 것이다.

2. 살롱 트리트먼트의 조건

- 정성과 배려 깊은 고객 상담과 서비스
- 피부관리 후의 효과를 나타낼 수 있는 기술(메뉴, 테크닉, 화장품, 기기 등)
- 정확한 피부분석과 그에 따른 피부관리 프로그램 실행 능력
- 홈 케어 어드바이스
- 쾌적하고 위생적인 실내환경
- 편안한 공간과 설비
- 프로그램별 정확한 요금 체계

3. 살롱 트리트먼트를 위한 환경조성

피부관리실을 방문하는 고객들은 단순히 피부관리만을 목적으로 하지 않고, 스트레스 해소 및 심리적 이완효과를 얻고자 한다. 따라서 피부관리실의 실내환경은 시각적 효과를 높일 수 있는 요소로 작용할 수 있다.

최근 피부관리실의 실내환경을 조성할 때 오감요법이 활용되고 있으며, 고객의 심리적 안정감을 유도하고 이완효과를 얻음으로써 피부관리의 효과를 높이게 될 것이다. 오감요법을 적용할 때 고려해야 할 사항을 표 1-1에 제시하였다.

표 1-1. 살롱 트리트먼트를 위한 환경조성

오 감 요 법		고 려 사 항
시각 효과	color	· 주 고객층 : 연령, 취향, 직업, 트랜드 등 · 디자인, 색채, 소품, 포스터, 사진, 꽃 등
청각 효과	music	· 관리 목적 : relax, anti-stress 등
미각 효과	tea	· 계절 고려, 관리 목적 등
후각 효과	aroma	· 그레이프 후르츠, 레몬, 로즈마리, 휀넬, 오렌지, 쥬니퍼
촉각 효과	massage	· 관리 목적과 피부유형 고려

4. 피부관리의 단계(Treatment Step)

1 **고객상담(counselling)**

피부관리실에 방문한 목적 및 고객의 신상, 피부 생활환경에 관한 내용을 조사하여 고객카드에 기록한다.

2 **피부분석(skin analysis; diagnosis)**

피부분석은 문진, 견진, 촉진의 방법과 정확한 분석을 위해 피부 분석기기를 이용한다.

3 **피부관리 계획(skin care plan)**

고객상담과 피부분석 절차를 통해 관찰된 피부상태에 적합한 제품과 관리단계를 계획한다.

4 **피부관리 실행(treatment)**

세안(cleansing) ➜ 화장수(toning) ➜ 딥클렌징(deep cleansing) ➜ 보습(moisturizing) ➜ 마사지(massage) ➜ 마스크(mask) ➜ 보호(protect)

5 **평 가**

피부관리 후의 피부 상태를 작성하고, 고객에게 가정에서의 관리방법을 조언한다. 또한 고객에게 다음 방문 때의 피부관리 계획을 알리고 재 방문 시간을 예약한다.

memo

표 1-2. 피부관리 단계의 사이클 (skin care cycle)

단계	내용
조 사	* 면담(피부환경, 생활환경, 생활습관) * 관찰(정서적 상태) * 자료 기록
↓ 분 석	* 피부상태 분석 * 자료 기록
↓ 계 획	* 피부관리 목표 수립 * 자료 기록
↓	피부관리 5M(mind, manual, material, machine, method)에 따른 계획
↓ 실 행	* 피부관리 실행 * 자료 기록
↓ 평 가	* 피부관리 후의 관찰 및 평가 * 가정에서 관리방법 조언 * 재 피부관리 계획 수립 ☞재방문 예약 * 자료 기록 / 결과 분석
→ 조 사 (반복)	

실습 보고서

계절에 따른 피부관리실의 환경을 오감요법을 적용하여 구성해 보시오.

계 절	요 소	계 절	요 소
봄	· color · music · aroma · tea	여름	· color · music · aroma · tea
가을	· color · music · aroma · tea	겨울	· color · music · aroma · tea

제Ⅱ장
고객 상담과 피부 분석

Ⅱ장 고객 상담과 피부 분석

1. 고객 상담

피부관리의 단계 중 상담은 언어에 의한 트리트먼트이다. 즉 고객의 요구사항을 경청하고, 피부관리에 관한 전문지식과 판단력을 통하여 관리 방법과 절차 등에 관하여 설명함으로써 고객의 이해를 돕는 과정이라 할 수 있다.

상담은 긍정적 화법과 편안하고 자연스러운 대화를 통해서 효과적인 피부관리를 실행할 수 있는 기초자료를 얻는 것과 동시에 고객에게 심리적 안정감과 편안함을 유도할 수 있다.

1) 상담 목적

① 고객의 방문 목적을 파악한다.
  - 일반적인 피부관리 목적
  - 피부의 문제 개선 목적
  - 화장품 구매 목적

② 피부상태 및 생활환경 조건(일상 업무, 생활습관, 생활환경, 식생활, 건강 등)을 조사하여 피부 문제의 원인을 파악한다.

③ 피부문제의 원인을 해결할 수 있는 방법과 피부관리 계획을 수립한다.

④ 고객에게 피부관리 방법 및 화장품의 목적과 특징을 설명한다.

2) 상담 효과

① 피부관리의 필요성을 인식하게 된다.

② 고객의 신뢰감과 만족감을 높인다.

③ 피부문제를 파악하여 효율적인 관리 계획을 수립할 수 있다.

④ 전문적인 관리 방법을 제시할 수 있다.

⑤ 피부관리 후 발생될 수 있는 문제점을 최소화 할 수 있다.

⑥ 피부관리의 조언이 가능하다.

⑦ 심리적 안정감을 유도한다.

3) 상담 단계

① 고객의 의견 경청

대화 유도의 첫 번째 방법으로, 고객의 피부 생활환경(환경, 생활습관, 성격, 심리상태, 문제점 체크)을 조사한다.

② 고객의 견해 파악

고객이 피부관리실을 방문한 목적과 요구사항을 파악한다.

③ 이해와 관심의 전달

고객의 심리적 안정감을 유도하는 과정으로, 피부미용사는 고객에 대한 관심과 배려심을 갖음으로써 인간적인 호감이 전달되도록 한다.

④ 해결책 제시

고객에게 피부관리 방법과 절차에 대해 설명하는 과정으로 신뢰감과 만족감을 높이고 재방문이 가능하도록 유도한다.

2. 피부 분석(Skin Analysis)

정확한 피부 분석은 이상적인 피부관리를 행하기 위한 필수적인 단계이다. 올바른 피부 분석을 위해서는 다양한 분석방법을 이해하고 적절한 활용이 필요하다.

피부 분석의 목적은 피부 상태를 파악하여 그에 적합한 트리트먼트를 선택하는데 있다. 상담이 고객의 필요와 욕구를 알아보기 위해 필요한 과정이라면, 피부 분석은 고객의 피부에 적합한 관리방법을 결정하기 위한 과정이다. 따라서 피부유형에 따른 올바른 관리법을 계획하기 위해서는 과학적인 피부 분석방법이 활용되어야 한다.

고객의 피부상태를 판정하기 위해서는 고객의 주 · 객관적인 자료가 필요하며, 주관적 자료는 고객과의 상담, 문진, 설문내용과 관리자의 판독 등이고, 객관적 자료는 피부분석기를 통한 측정결과, 사진 등으로 구분된다.

1) 피부 분석 목적

① 고객의 피부상태를 정확하게 분석하여 적절한 피부관리 수행
② 피부 분석과 결과 예측을 위한 자료 활용
③ 피부관리 수행 시 착오 및 문제 발생의 최소화
④ 고객의 신뢰감과 만족도 고조
⑤ 피부관리의 합리적이고 과학적인 프로그램 제시
⑥ 고객 불만족 사항에 대한 대처 방안 강구

2) 피부 분석방법

① 문진

문진은 피부문제의 원인을 파악하고, 피부상태와의 관련된 요인(생활습관, 건강, 스트레스, 기호식, 피부관리 습관) 등을 조사하는 것으로 고객과 질의응답을 통해 이루어지는 주관적 조사방법이다.

② 촉진

촉진은 피부의 조직과 탄력도 정도를 판독하는 방법이다.

- 피부상태 검사 : 목에서부터 시작하여 위로 올라오며 엄지와 검지 손가락으로 피부표면 전체를 집어 피부 조직의 상태를 알아본다.
- 피부탄력 검사 : 엄지와 검지로 얼굴부위의 피부를 조금 잡아서 바깥쪽으로 잡아 늘린 후 손을 놓아 다시 제자리로 돌아오는 속도를 감지해서 알아본다.
- deep skin test : 손가락의 지문부분으로 피부표면을 만져 봄으로써 피부결의 거침 정도, 뾰루지와 같은 피부문제 여부를 알아본다.

③ 견진

견진은 확대경이나 육안으로 피부를 판별하는 방법으로, 장시간의 경험이 요구되며 피부의 조직이나 모공의 크기, 주름, 색소침착, 피부 투명도, 건조 상태, 여드름, 민감정도를 관찰하는 방법이다.

④ 피부 분석기

피부 분석기는 피부상태와 유형을 정확하게 분석할 수 있는 장점을 가지고 있다. 피부 분석기는 비침습적 방법으로 측정이 가능하기 때문에 쉽게 피부상태와 유형을 분석할 수 있는 장점이 있다.

최근, 비침습적 방법으로 피부를 측정할 수 있는 기기는 다양하게 개발되고 있으며, 피부표면의 유분, 수분, pH, 피부결, 피부탄력, 피부의 색 등을 관찰할 수 있다.

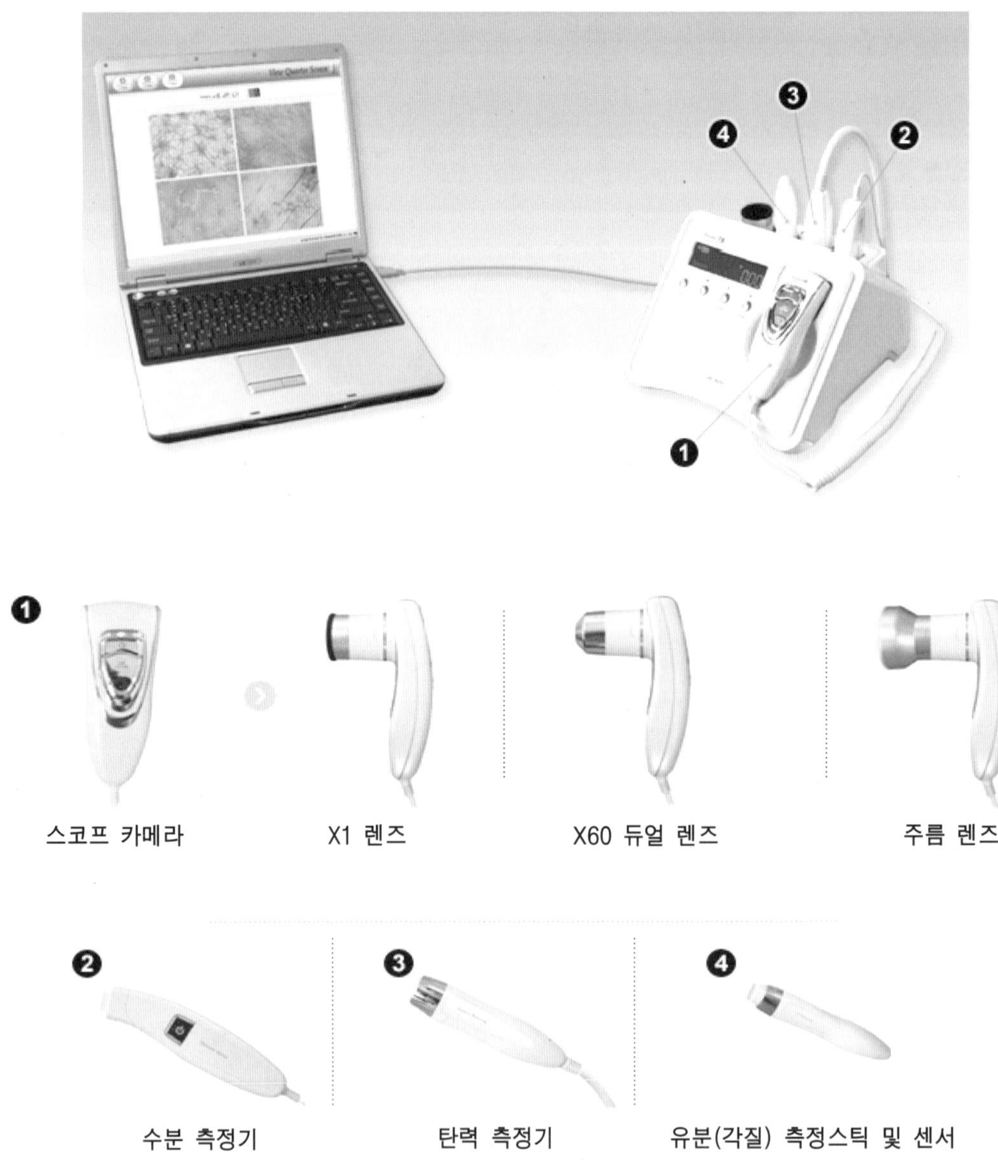

그림 2-1. 종합 피부분석기

㉮ 확대경(magnifying lamp)

확대경은 육안으로 판별할 수 없는 잔주름, 색소침착, 면포를 비롯한 여드름 등의 피부문제와 피부표면 상태를 관찰하는데 효과적이다. 확대경에 따라 확대 비율이 다양하며 일반적으로 3.5~5배율의 확대경이 사용된다.

■ 효 과

- 육안으로 관찰하기 어려운 문제성 피부의 세밀한 관찰과 정확한 피부분석을 통한 효과적인 피부관리 가능
- 여드름 추출을 안전하고 용이하게 함

■ 주의사항

- 고객의 눈을 불빛으로부터 보호하기 위해 아이패드(eye pad) 사용

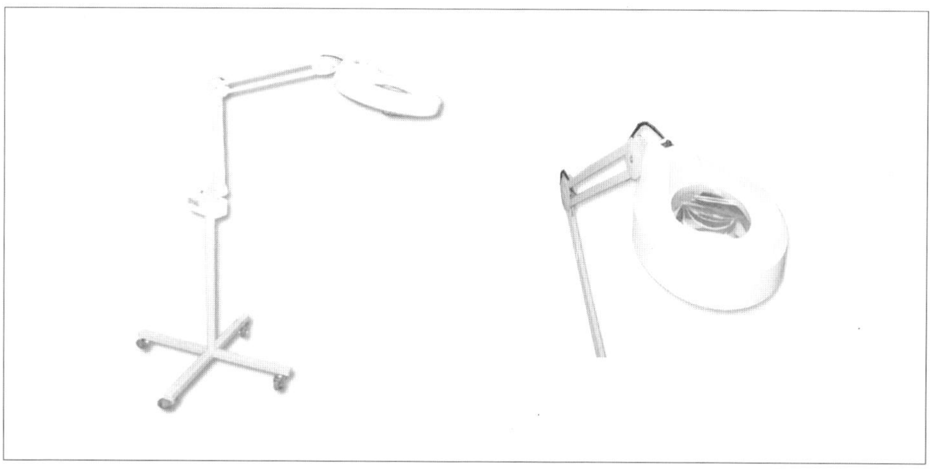

그림 2-2. 확대경

㉯ 우드램프(wood lamp)

우드램프는 미국의 물리학자인 'Robert William Wood'에 의해 개발되어 백선과 같은 피부상태를 관찰하는데 사용되었다. 피부관리실에서는 피부의 정확한 판단을 위해서 사용하고 있으며, 자광선을 통해 육안으로 보기 힘든 피지, 민감도, 색소침착, 모공의 크기, 여드름, 염증 등을 관찰한다.

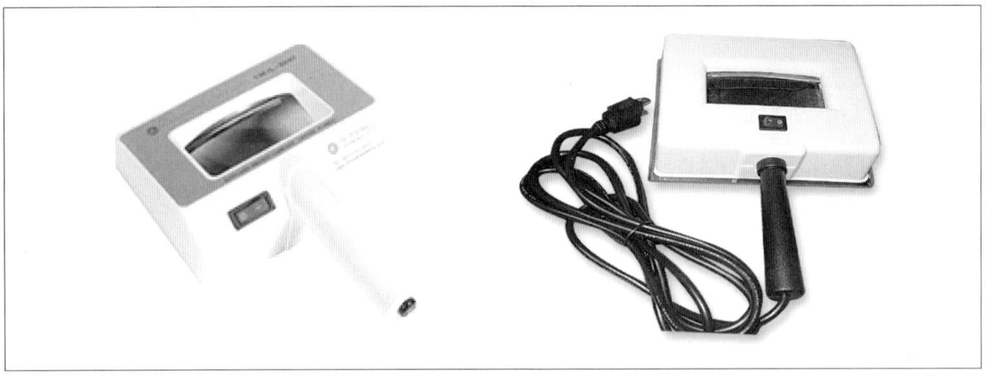

그림 2-3. 우드램프

■ 주의사항

- 깨끗이 세안된 상태에서 사용하며, 고객의 눈에 아이패드를 덮는다.
- 오랫동안 켜두면 과열되기 때문에 피부에 직접적인 접촉은 피해야 한다.
- 램프의 사용 중에는 직접 불빛 속을 들여다보지 않는다.

■ 피부상태에 따른 우드램프 색상

피부상태	색 상
정상피부, 건강피부	푸른빛을 띄는 흰색 형광
건성피부, 건조피부	밝은 보라색
민감성피부, 건조하고 얇은 피부	자주색 형광
면포가 있는 지성피부	오렌지 또는 분홍색
노화피부	암적색
색소침착피부, 검은점	갈색, 암갈색
각질	흰색
건강모와 두피	옅은 회보라색
비듬	흰색

㉰ 스킨 스코프(dermascope, skin scope)

스킨 스코프는 피부와 두피, 모발상태를 30~800배 가량 확대하여 관찰할 수 있는 기기이다. 모니터를 통해 상태를 관찰하고, 필요한 영상을 사진으로 출력할 수 있으며, 고객이 직접 자신의 피부상태를 관찰할 수 있어서 신뢰감을 주는 장점이 있다.

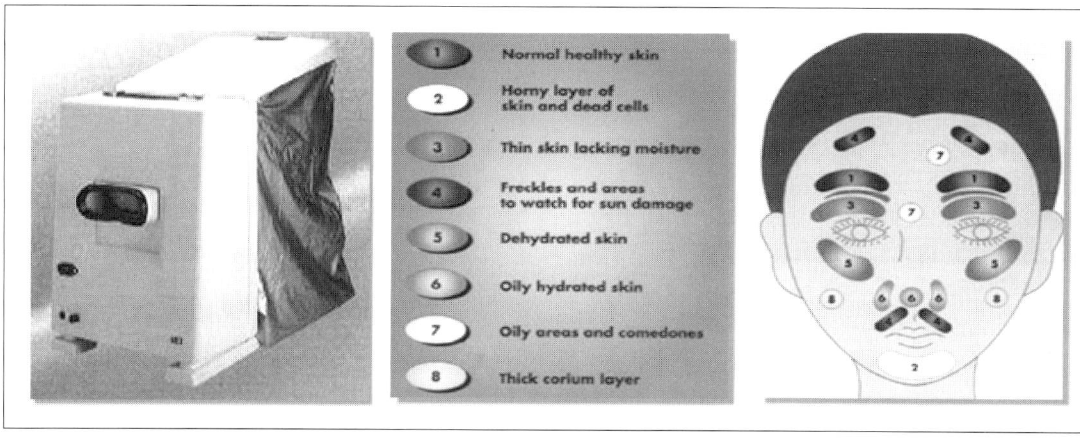

그림 2-4. 스킨 스코프 1

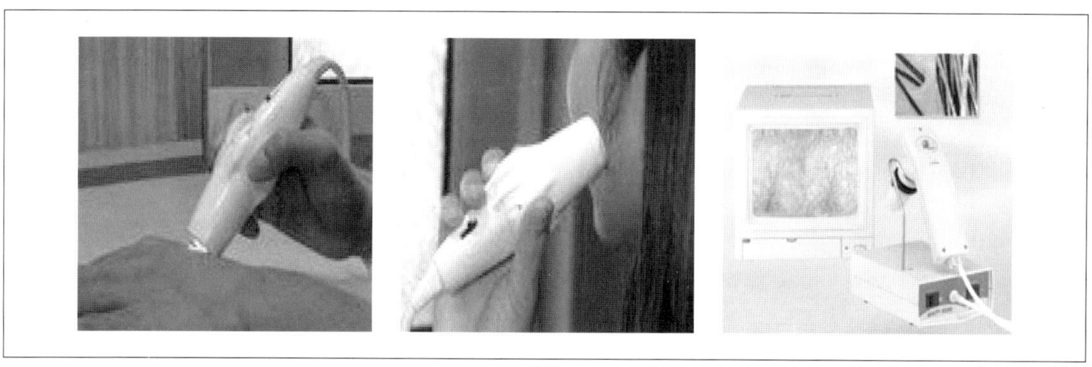

그림 2-5. 스킨 스코프 2

㉱ 수분 측정기

수분 측정기는 피부 표면의 정전용량(capacitance) 값을 측정하여 피부표면의 수분값을 측정하는 기기이다. 즉, 피부 표면의 수분과 부하용량의 비례관계에 따라 측정지수가 높을수록 수분 함유량이 좋다는 것을 의미한다.

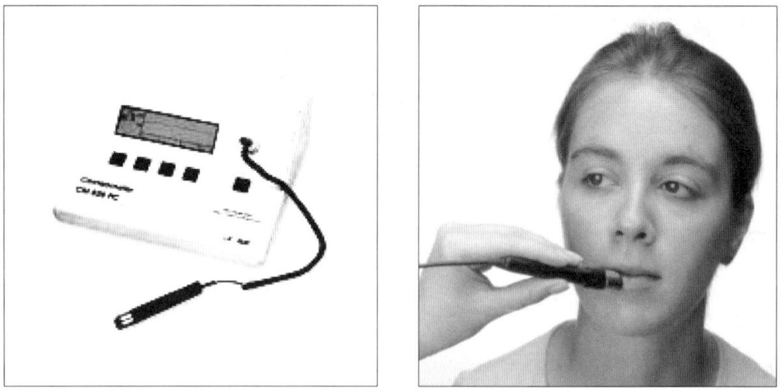

그림 2-6. 수분측정기

■ 측정조건

- 정확한 측정을 위해 온도는 20~22℃, 습도는 40~60%가 적당하다.
- 세안 2시간 후 메이크업을 하지 않은 상태에서 측정한다.

■ 주의사항

- 직사광선이나 직접조명 아래에서의 측정은 피한다.
- 땀과 혈액순환은 수분량에 영향을 주므로 운동직후에는 휴식을 취한 후 측정한다(10~20분 정도).
- 계절에 따라 피부상태가 변화하므로 이러한 요인을 감안하여 측정한다.

■ 수분량에 따른 피부유형

피부유형	이마, T-zone, 두피, 볼, 눈꺼풀 관자놀이, 입주위, 신체의 상부, 등, 목	팔, 손, 다리, 팔꿈치
매우 건성	< 50	< 35
건성	50~60	35~50
수분 충분	> 60	> 50

㉤ 유분 측정기

유분 측정기의 피부 표면의 유분량을 측정하는 기기이다. 측정 원리는 투명 플라스틱 필름이 부착되어 있는 탐침봉(probe)을 피부 표면에 접촉하여 피지를 흡착시킨 후 빛이 투과하는 정도를 측정하는 것이다.

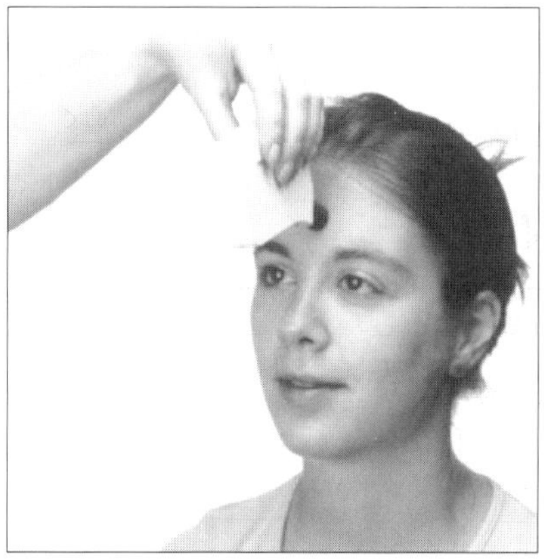

그림 2-7. 유분 측정기

■ 측정조건

- 측정환경은 온도 20~22℃, 습도 40~60%가 적당하다.
- 세안 2시간 후, 메이크업을 하지 않은 상태에서 측정한다.

■ 주의사항

- 운동 직후에는 휴식을 취한 후 측정한다.
- 계절에 따라 피부 상태가 변화하므로 이러한 요인을 감안하여 측정한다.

■ **유분량에 따른 피부타입**

피부 유형	이마 T-zone 두피	모발	볼 눈꺼풀 관자놀이	입주위 신체의 상부 등, 목	팔, 손 다리 팔꿈치
건 성	〈 100	〈 40	〈 70	55	0~6
중 성	100~200	40~100	70~180	55~130	〉 6
지 성	〉 220	〉 100	〉 180	〉 130	---

㉯ pH 측정기

pH 측정기는 피부의 산성도와 알칼리도 지수를 측정하는 기기로, 피부의 예민도, 유분도 등을 알아볼 수 있다. 측정은 탐침을 증류수에 담가 씻은 후 적당히 물기를 제거하여 측정 부위에 가볍게 눌러 접촉시켜 측정한다.

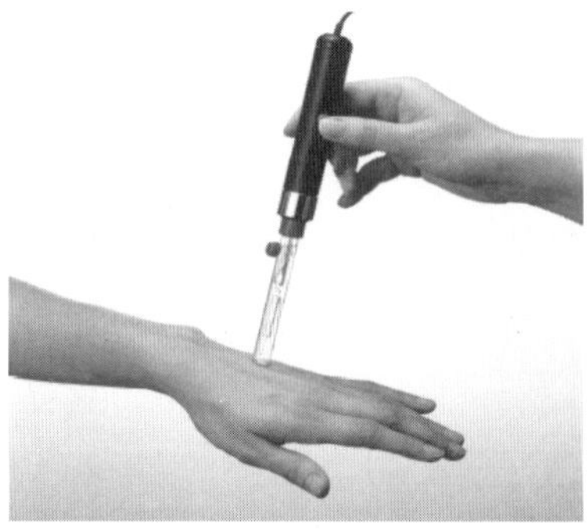

그림 2-8. 피부 pH 측정기

■ 측정조건

- 측정환경은 온도 20~22℃, 습도 40~60%가 적당하다.
- 측정부위는 손등, 상완부, 이마, 볼 부위가 좋으며 다른 부위도 가능하다.

■ 주의사항

- 탐침의 증류수를 제거할 때 수분의 부족과 과잉은 pH 측정에 영향을 준다.

■ 피부의 pH 지수

<table>
<tr><th>pH지수</th><th>< 3.5</th><th>3.8</th><th>4.0</th><th>4.3</th><th>4.5</th><th>5.0</th><th>5.3</th><th>5.5</th><th>5.7</th><th>5.9</th><th>6.2</th><th>6.5</th><th>>6.5</th></tr>
<tr><td>여성</td><td colspan="5">산 성</td><td colspan="4">정 상</td><td colspan="4">알칼리성</td></tr>
<tr><td>남성</td><td colspan="4">산 성</td><td colspan="5">정 상</td><td colspan="4">알칼리성</td></tr>
</table>

- 피부 분석 방법의 구분 -

- 주관적 방법 : 문진을 통한 고객의 주관적 내용을 조사하여 고객카드에 작성
- 객관적 방법 : 피부 분석기기를 이용하여 피부 수분량, 피지량, 피부 pH를 측정하여 분석 카드에 작성하고, 사진 등의 시각자료를 확보

3) 피부 분석 절차

① 문진을 통한 고객의 주 · 객관적 내용을 조사하고, 고객카드에 작성한다.
② 클렌징을 실시한다.
③ 고객에게 안정감을 주고, 광선으로부터 눈을 보호하기 위해 아이패드를 올린다.
④ 고객에게 피부분석 과정을 설명한다.
⑤ 확대경, 우드램프, 유 · 수분측정기로 피부상태를 측정한다.
⑥ 관찰된 내용을 피부 분석표에 상세히 기록한다.
⑦ 고객의 피부유형과 피부문제점을 알려주고, 그에 따른 관리 계획을 설명한다.

4) 피부 분석 시 유의사항

① 동일한 피부라도 요인이 다를 수 있다(내 · 외적, 정신적, 식생활, 환경요인, 화장품 등).
② 계절, 건강, 생리 등의 변수를 확인한다.
③ 세안 후에 실시한다.
④ 온도 등의 환경에 피부가 영향을 받지 않도록 일정한 환경을 조성한다. 실내환경은 온도 18~22℃, 습도 40~60%를 유지하고 조명은 형광등을 사용한다.
⑤ 피부 분석 전에 반드시 피부미용사의 손을 소독한다.
⑥ 피부 분석 후에는 고객카드를 작성하고, 고객의 피부상태, 문제 발생 원인 등의 배경을 설명하고 관리 방법을 제시한다.

memo

3. 피부관리 상담 및 분석카드 유형

1) 고객 신상 조사 내용

성명, 생년월일, 주소, 연락처, 직업, 결혼여부, 신장, 체중, 가족구성, 혈액형 등 고객의 기본적인 신상을 조사하여 기록한다.

2) 피부 생활 환경 조사 내용

조사 내용은 크게 생활환경, 생활습관, 심신상태, 건강상태, 피부관리 습관으로 분류하여 그 구체적인 내용을 파악한다. 또한 고객이 피부관리실을 방문한 목적과 동기를 파악하고, 고객 자신이 생각하는 피부문제에 대하여 반드시 파악한다. 이는 지금까지 고객이 느껴왔던 피부상태와 문제 등을 예측할 수 있는 자료가 되고, 피부관리 계획을 작성하는데 참고해야 할 사항이다.

3) 피부상태 분석표

피부상태를 구체적으로 구분하여 파악한다. 피부조직 상태, 유분, 수분, 모공, 피부결, 민감도, 혈액순환 정도, 색소, 안색의 정도를 구분하여 파악하고 작성한다. 이때 피부미용사의 오랜 경험에 의한 견진도 중요하지만 피부 분석기를 통한 결과를 얻는 것이 바람직하다.

4) 피부관리 내역표

관리 내역표는 관리 일자, 횟수, 관리자명, 목적, 단계를 구체적으로 기록한다. 관리 단계는 목적에 따라 설정하여 시행되어야 하며, 사용 제품과 기기 및 비품에 대해서는 제품명, 기기명, 사용량, 기간, 방법 등이 정확하게 기재되어야 한다.

표 2-1. 고객 신상 카드표

번　　호		작 성 자	
고객성명		생년월일	연령 (　　　세)
주　　소		연 락 처	
직　　업		夫의직업	
결혼여부		가족구성	
신　　장	약　　　cm	체　　중	약　　　kg
혈 액 형			
비　　고			

5) 피부 분석의 실제

표 2-2. 피부 분석을 위한 피부생활 환경조사 내용

구 분	조 사 내 용
체형	leptosom : 마른형, 건조 피부
	athletiker : 근육형, 지성피부
	pygniker : 여성형, 정상피부
연령	피부상태, 조로피부
알레르기	알레르기 여부
사용화장품	화장품의 사용방법, 종류, 습관
약물복용	피임약, 항생제, 수면제, 진통제 등 호르몬에 영향을 미치는 요인
기호식품	커피, 담배, 술 등 피부에 영향을 미치는 요인
직업	생활정도, 환경(실내형, 실외형)
건강상태	냉증, 변비, 위장 장애, 간장 장애, 만성피로 등 병력
운동량	혈액순환, 땀의 배출, 비만
식생활	다이어트, 식생활습관, 인스턴트 식품 섭취
성격	쉘던의 성격분석 * 내배엽성 : 비만이 되기 쉽고, 낭만적이고 인내가 강함 * 중배엽성 : 골격형, 공격심이 강하고 경쟁심이 심함 * 외배엽성 : 얼굴이 가는형, 예민하고 민감한 성격, 재치가 있으나 변덕이 심함
스트레스	스트레스 정도를 파악

표 2-3. 피부생활 환경 조사표의 예

<table>
<tr><td>방문 목적</td><td></td><td>방문 동기</td><td></td></tr>
<tr><td>본인이 생각하는
피부 문제</td><td colspan="3">* 여드름 * 기미 * 붉은피부 * 모세혈관 확장
* 잔주름 * 피부건조 * 기타 ( )</td></tr>
<tr><td rowspan="4">생 활
환 경</td><td>가 족</td><td colspan="2"></td></tr>
<tr><td>취 미</td><td colspan="2"></td></tr>
<tr><td>성 격</td><td colspan="2"></td></tr>
<tr><td>환 경</td><td colspan="2"></td></tr>
<tr><td rowspan="6">생 활
습 관</td><td>식 사</td><td colspan="2"></td></tr>
<tr><td>기 호 식 품</td><td colspan="2"></td></tr>
<tr><td>수 면</td><td colspan="2"></td></tr>
<tr><td>운 동</td><td colspan="2"></td></tr>
<tr><td>입 욕</td><td colspan="2"></td></tr>
<tr><td>약 물 복 용</td><td colspan="2"></td></tr>
<tr><td>심신 상태</td><td>현재의 상태</td><td colspan="2"></td></tr>
<tr><td>체 형</td><td colspan="3"></td></tr>
<tr><td>건강 상태</td><td colspan="3">* 건강 * 위장기능 저하 * 빈혈 * 변비 * 피로 * 생리불순 * 기타( )</td></tr>
<tr><td rowspan="5">피 부
관 리
습 관</td><td>세안 습관</td><td colspan="2"></td></tr>
<tr><td>사용 화장품</td><td colspan="2"></td></tr>
<tr><td>마사지와 팩</td><td colspan="2"></td></tr>
<tr><td>화장품 알레르기 여부</td><td colspan="2">있다( ) 발생시기( ) 없다( )</td></tr>
<tr><td>피부관리 경험 여부</td><td colspan="2"></td></tr>
<tr><td>고객카드
작성 시
유의사항</td><td></td><td colspan="2"></td></tr>
</table>

표 2-4. 피부 상태 분석 내용

관 찰 부 위	분 류	구 별
texture (피부조직)	fine(예민)	투명하고 눈꺼풀에 실핏선이 비쳐 보임
	normal(정상)	아주 작은 모공이 보임
	thick(지성)	과각화, 누르면 딱딱한 느낌, 저항력이 강함
sebaceous secretion (피지분비)	dry(건성)	수 · 유분 부족으로 표면이 단단함
	normal(정상)	T-zone 부위만 지성
	oily(지성)	피지 분비 과다
	comedo(면포)	흑 여드름, 백 여드름
	acne(여드름)	papules(구진), pustles(농포), nodules(농진), cyst(낭포)
hydration (수분보유)	superficial dehydration (표피건성)	소양증, 당기는 현상, 잔주름
	deep dehydration (진피건성)	늘어짐. 탄력도가 없음, 노화
ostiums (모공)	invisible ostiums	모공이 거의 보이지 않음, 주로 건조한 피부
	slightly ostiums	섬세한 모공
	visible ostiums	모공이 보임, 주로 지성피부
even grain (피부결)	tight even grain	섬세한 피부결, 주로 민감
	normal even grain	정상
	coarse uneven grain	거친 피부결
sensitivity (민감정도)	insensitive	둔감
	sensitive	민감
	very sensitive	매우 민감
circulation (혈액순환)	erythrosis(적혈증)	따뜻한 느낌. 외관상 건강해 보임
	couperose(적색농진)	영구적 실핏선, 매우 예민, 양 볼이 붉음
	rosacea(주사)	붉은 낭포, 분비의 과다/저하, 의학적 처치가 필요
pigmentation (색소)	hyper-pigmentation (과색소)	검버섯, 기미, 주근깨
	hypo-pigmentation (저색소)	백납, 백색증, 흉터
complexion (안색)	fair	희고 고운 상태, 건강해 보임
	asphyxiation	질식된 상태 회색빛이 도는 지성피부
	pale	창백한 상태 건조피부
	mat	윤기가 없는 상태, 노화, 건조피부

표 2-5. 피부 분석표의 예 1

<table>
<tr><td rowspan="10">피
부
상
태</td><td>관 찰</td><td colspan="6">분 류</td></tr>
<tr><td>texture</td><td>fine</td><td colspan="2">normal</td><td colspan="3">thick</td></tr>
<tr><td>sebaceous secretion</td><td>dry</td><td colspan="2">normal</td><td>oily</td><td>comedo</td><td>acne</td></tr>
<tr><td>hydration</td><td colspan="4">superficial dehydration</td><td colspan="2">deep dehydration</td></tr>
<tr><td>ostiums</td><td colspan="2">invisible ostiums</td><td colspan="2">slightly ostiums</td><td colspan="2">visible ostiums</td></tr>
<tr><td>even grain</td><td colspan="2">tight even grain</td><td colspan="2">normal even grain</td><td colspan="2">coarse uneven grain</td></tr>
<tr><td>sensitivity</td><td colspan="2">insensitive</td><td colspan="2">sensitive</td><td colspan="2">very sensitive</td></tr>
<tr><td>circulation</td><td colspan="2">erythrosis</td><td colspan="2">couperose</td><td colspan="2">rosacea</td></tr>
<tr><td>pigmentation</td><td colspan="4">hyper-pigmentation</td><td colspan="2">hypo-pigmentation</td></tr>
<tr><td>complexion</td><td colspan="2">fair</td><td colspan="2">asphyxiation</td><td>pale</td><td>mat</td></tr>
<tr><td colspan="2">관리자 소견</td><td colspan="6"></td></tr>
<tr><td colspan="2">분석 시 유의사항</td><td colspan="6"></td></tr>
</table>

표 2-6. 피부 분석표의 예 2

성 명		나 이		성 별	남 · 여

피부유형		질 문	예	아니오	판 정		
					과소	정상	과다
피부유형	피지분비	얼굴에 끈적거림이 있다.					
		얼굴에 면포, 뾰루지, 여드름이 있다.					
		얼굴이 번들거려 하루에 화장을 2번 이상 수정한다.					
	수분상태	세안을 하고 나면 피부가 당기는 감이 있다.					
		피부가 버석거리는 느낌이 있다.					
		유분감이 있는 화장품을 사용하고도, 피부에 촉촉함이 느껴 지지 않는다.					

피부상태										
피부문제	구 분	예	아니오							관찰부위
	여드름 (acne)			흑면포	백면포	구진	농포	결절	낭포	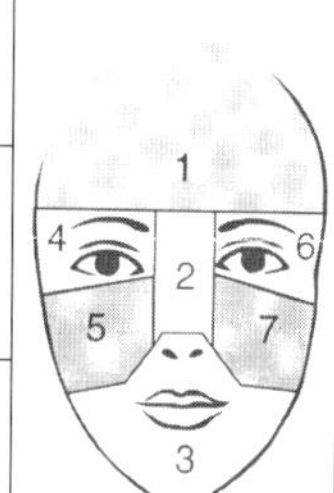
	색소침착 (melasma)									
	주 름 (wrinkle)									
	혈액순환 (circulation)									
	민감정도 (sensitivity)			일시적		바람		열		
				자외선		화학물질		만성		
	탄력도 (elasticity)			나쁨		보통		좋음		

표 2-7. 기기를 이용한 피부 분석표

name		age		sex	male · female

wood lamp			skin scope	
측정부위	표시색상	판정	측정내용	판정
forehead			피부결	
cheek			민감도	
nose			모공크기	
chin				

확대경 (magnifying)		
측정내용	문 제	판 정
여드름		
기 미		
모 공		
색소침착		

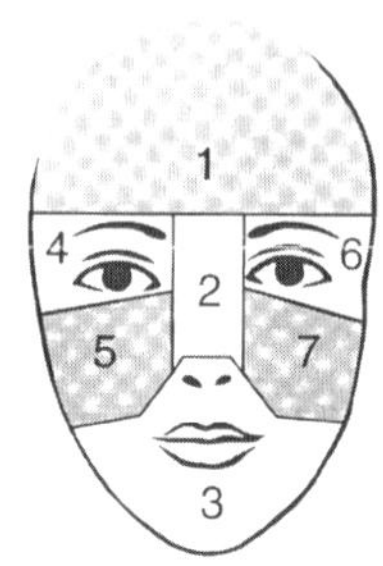

유 분 측 정		
측정부위	지 수	판 정
T-zone		
cheek, eyelid, temple		
arms, hands, legs, elbows		

수 분 측 정		
측정부위	지 수	판 정
T-zone, cheek eyelid, temple neck		
arms, hands legs, elbows		

지수에 따른 판정		
cheek, eyelid temple	dry, less	< 70
	normal	70 - 180
	oily	> 180
arms, hands, legs, elbows	dry, less	0 - 6
	normal	> 6
	oily	---
T-zone	dry, less	< 100
	normal	100 - 220
	oily	> 220

지수에 따른 판정		
T-zone, cheek eyelid, temple neck	very dry	< 50
	dry	50 - 60
	normal	> 60
arms, hands legs, elbows	very dry	< 35
	dry	35 - 50
	normal	> 50

표 2-8. 피부관리 카드표의 예

<table>
<tr><td colspan="2">관리일자</td><td colspan="2"></td><td colspan="2">관리 횟수</td><td>관리자명</td><td colspan="2"></td></tr>
<tr><td colspan="2">관리목적</td><td colspan="7"></td></tr>
<tr><td rowspan="2">관리단계</td><td rowspan="2">순서</td><td colspan="4">사용제품</td><td colspan="3">사용기기 및 비품</td></tr>
<tr><td>제품명</td><td>사용량</td><td>시 간</td><td>방 법</td><td>기기명</td><td>시 간</td><td>방 법</td></tr>
<tr><td>cleansing</td><td></td><td colspan="4"></td><td colspan="3"></td></tr>
<tr><td>balance</td><td></td><td colspan="4"></td><td colspan="3"></td></tr>
<tr><td>skin analysis</td><td></td><td colspan="4"></td><td colspan="3"></td></tr>
<tr><td>deep cleansing</td><td></td><td colspan="4"></td><td colspan="3"></td></tr>
<tr><td>massage</td><td></td><td colspan="4"></td><td colspan="3"></td></tr>
<tr><td>comedo extract</td><td></td><td colspan="4"></td><td colspan="3"></td></tr>
<tr><td>ampoule</td><td></td><td colspan="4"></td><td colspan="3"></td></tr>
<tr><td>mask (1, 2)</td><td></td><td colspan="4"></td><td colspan="3"></td></tr>
<tr><td>protect</td><td></td><td colspan="4"></td><td colspan="3"></td></tr>
<tr><td colspan="2">관리 전 피부상태</td><td colspan="2"></td><td colspan="2">관리 후 피부상태</td><td colspan="3"></td></tr>
<tr><td colspan="2">home care advice</td><td colspan="7"></td></tr>
<tr><td colspan="2">관리과정 중 특이사항</td><td colspan="7"></td></tr>
</table>

6) 고객카드 작성 시 주의 사항

① 고객에 관한 주 · 객관적 내용을 빠짐없이 기재한다.
② 피부관리의 목적과 계획을 기재한다.
③ 사용제품, 방법, 도구, 기자재 등의 사용목적 및 특성을 기재한다.
④ 관리절차를 구체적이고 빠짐없이 작성한다.
⑤ 날짜, 관리 횟수, 관리자명을 기재한다.
⑥ 관리 전 · 후 피부상태를 기록한다.
⑦ 고객의 자각증상을 문진하여 기록한다.

memo

제Ⅲ장
피부관리와 위생

Ⅲ장 피부관리와 위생

1. 피부관리와 위생

위생(hygiene)이란 건강의 유지 · 증진을 도모하기 위해 질병을 일으키는 미생물에 감염되는 것을 예방하기 위한 것이다.

위생의 과정은 세척을 통한 청결, 소독, 살균, 멸균의 방법으로 이루어진다. 피부관리는 다양한 사람들을 대상으로 이루어지는 대인 서비스업이기 때문에 위생관리는 가장 중요시 다루어져야 할 문제이다. 불결한 작업장 환경과 사용하는 도구 등이 비위생적으로 관리되었을 때 고객 뿐만 아니라 피부미용사도 감염에 노출될 수 있다. 따라서 피부미용사는 개인위생 뿐만 아니라 피부관리실의 환경위생, 사용한 기구 및 도구의 위생관리를 철저하게 할 의무가 있다.

2. 세척 · 소독 · 멸균의 정의

1) 세척(cleansing)

세척은 대상물로부터 모든 이물질을 제거하는 과정으로 물, 기계적 마찰, 세제에 의해 이루어지며, 소독과 살균의 전 단계로써 매우 중요하다.

2) 소독(disinfection)

소독은 병원균의 감염을 제거하는 것을 말한다. 감염의 원인균을 제거하는 방법으로는 소독 · 살균 · 멸균의 종류가 있다. 대부분의 병원성 미생물을 제거하는 과정으로 완전한 무균 상태가 되는 것은 아니다.

3) 멸균(sterilization)

멸균이란 물리적 · 화학적 방법을 통하여 병원균을 단시간 내에 완전하게 사멸하는 것을 말한다. 멸균은 균체의 기계적 파괴, 단백질의 강한 변성(變性), 효소의 비활성화(非活性化) 등에 의해 병원성 미생물을 단 시간내에 완전하게 제거하는 방법이다.

3. 피부관리실의 소독과 살균 방법

1) 물리적 방법

① 자외선 소독

자외선은 태양광선 중 가장 강력한 살균작용을 가지고 있으며, 대부분의 박테리아들은 자외선에 2~3시간 노출되면 사멸하거나 쇠약해진다. 피부관리실에서는 면소재의 비품을 자비소독 후, 자외선에 일광소독을 한다. 또한 사용한 도구를 종류에 따라 세제 세척, 자비소독, 알코올로 처리 한 후, 자외선 소독기에 보관한다.

② 습열 멸균법

습열 멸균 방법은 간단하며 경제적이고 모든 부분에 골고루 열이 전달된다는 장점 때문에 많이 사용된다. 습열 멸균법의 종류는 대표적으로 끓여서 소독하는 열탕소독법(boiling water : 자비소독)과 온도가 낮은 상태에서 소독하는 저온소독법(pasteurization)이 있다. 피부관리실에서는 열에 변성되지 않는 유리, 타월, 터번, 모델가운 등의 면 소재 비품을 열탕소독한다.

2) 화학적 방법

화학적 살균법은 미생물에 대하여 살균력을 가지고 있는 화학약제를 사용하는 방법이다. 소독에 이용되는 약제는 인체에 무해하고, 병원균에 대해서는 살균력이 강해야 하며, 취급방법이 안전하고 간단해야 한다. 또한 값이 싸고 독한 냄새가 없으면서 살균하고자 하는 대상물을 손상시키지 않는 것을 기본으로 한다. 화학 약제의 종류는 알코올, 계면활성제, 할로겐 화합물, 요오드 화합물, 페놀 화합물, 과산화수소 등이 있다. 그 중 피부관리실에서 주로 사용하는 알코올은 다음과 같다.

① 알코올

일반적으로 알코올류는 탄소 수의 증가에 따라 미생물에 대한 항균력이 증가한다. 알코올류 중 살균제로 이용되는 것은 에탄올(ethanol)과 이소프로판올(isopropanol)이며, 알코올은 실제로 70~90%을 사용하는데 미생물의 단백질 변성이나 대사 기전을 저해시켜 소독작용을 갖는다. 알코올은 살균제로서 무색, 쉽게 증발되어 잔여량을 남기지 않으며, 항균효과를 가지고 있는 장점이 있다.

4. 피부미용사의 위생 관리 자세

- 피부미용사는 위생과 그 관리 방법에 대한 교육과 책임 의식을 갖는다.
- 개인위생, 공중위생, 환경위생에 관한 철저한 개념과 건강을 유지한다.
- 피부관리실의 환경위생, 사용기기, 기구, 비품 등의 철저한 위생관리를 실천한다.
- 단정한 외모, 깨끗한 복장, 손과 손톱의 청결, 구강위생 등의 개인위생 관리를 철저하게 실천한다.

5. 피부관리실의 환경 위생

1) 냉방 · 난방

피부관리실은 일정한 온도를 유지하여 고객의 체온을 보호하여야 한다. 지나친 냉 · 난방이 되지 않도록 주의해야 하며, 적절한 실내 온도를 조절하기 위해 계절적 요인을 고려하여 가습기, 전기장판, 분무기, 냉타월 등을 활용한다.

2) 환기 · 공기청정

온도, 빛, 습도의 환경인자는 생체리듬에 많은 영향을 미친다. 샤워 룸, 욕실의 습기 배출이 잘되지 않으면 실내 습도가 높아져 고객의 체온과 컨디션 변화가 오기 쉬워져 현기증이 나거나 감기에 걸리기 쉽다. 또한 피부관리실의 실내는 건조되기 쉬우므로 가습기와 공기 청정기를 사용하는 것이 바람직하다.

3) 채광 · 조명

피부관리실의 채광과 조명은 상담 공간과 관리 공간을 다르게 연출하는 것이 좋으며, 프론트와 안내 데스크는 자연 채광이 좋다. 관리실은 고객이 관리 받는 동안 편안함을 유지할 수 있도록 직 · 간접적인 조명을 설치하여 명도, 빛 조절이 가능하도록 한다. 복도는 계절 감각에 맞는 분위기를 연출하기 위해 간접 조명을 이용하여 밝기를 조절한다.

4) 청 결

대기실, 피부관리실, 샤워실 등 고객이 사용하는 공간은 항상 깨끗하고 청결한 상태를 유지해야 한다. 고객용 타월, 위생 컵 등을 비치하고, 사용한 비품 및 소품의 청결 상태를 점검한다. 또한 샤워실의 벽과 바닥은 소독제를 사용하여 깨끗하게 청소하고 머리카락이나 오물이 끼여 있지 않도록 닦아준다.

5) 화장실

화장실은 항상 청결을 유지하고 소독을 정기적으로 실시한다. 또한 좌변기는 일회용 시트를 사용하고 고객용 타월, 티슈를 별도로 준비해 두며, 방향제와 꽃 등을 비치하면 시각과 후각적인 면에서도 효과를 얻을 수 있다.

그림 3-1. 피부관리실의 내부환경

표 3-1. 피부관리실의 환경 위생 점검표

장 소	점 검 내 용
입구	· 출입문의 유리, 손잡이, 현관 매트 · 우산꽂이, 화분, 받침대, 화초의 상태 · 진열장의 먼지, 진열용 화장품 관리(먼지, 변색, 변질) · 전화기 상태 · 액자 및 소품의 정리 정돈
카운셀링룸	· 손 소독액, 코튼, 티슈 등의 배치와 관리 · 기계류 청소 및 안전점검 · 고객 카드 및 상담 자료 정리 정돈 · 카운셀링룸 내의 정리 정돈
탈의실	· 탈의실 내의 청결 상태 · 실내용 신발 및 가운 청결 상태
샤워룸	· 샤워 룸 청결 상태 바디 브러시의 소독, 보관방법 · 바스타월과 발매트의 청결 상태
관리실	· 기계류, 웨곤, 화장품 정돈 및 청결 상태 · 기계, 비품, 소품의 청결 상태 · 타월, 베드커버, 담요 청결 상태 · 피부관리 전 준비 상태
메이크업룸	· 헤어 브러시, 메이크업 브러시, 스펀지, 퍼프 관리 · 화장품의 관리
직원실	· 개수대(식기 음식물 관리) · 기계부품, 용도별 타월 관리
화장실	· 세면대, 변기의 소독 · 비누, 종이 타월 점검 · 방취, 환기 관리
대기실	· 소파, 테이블, 액자관리 · 잡지, 자료, 책 등의 관리 · 휴지통, 관상용 화초 관리

6. 기구 및 도구의 위생관리

사용한 기구 및 비품은 오염원과 병원균을 제거하기 위해 세척, 소독, 멸균의 절차를 통해 위생적으로 관리한다. 피부관리를 할 때 사용되는 기구와 도구는 피부와 직접 접촉하기 때문에 소독이 철저해야 한다. 소독된 기구류는 사용한 것과 구별해서 자외선 소독기에 보관한다. 소독이 어려운 기구나 전기제품 등도 가급적 일부 소독을 적용하며, 청결 상태를 유지해야 한다.

1) 절 차

세제세척 ➜ 자비소독 - 일광소독 - 알코올소독 ➜ 자외선 소독기

↑

도구의 재질에 따라 소독 실시

2) 사용 기구별 소독 방법

① 튜브, 유리 및 브러시 : 세제를 푼 미온수로 세척하여, 70% 알코올에 20분 이상 담가 소독 한 후, 자외선 소독기에 보관한다.

② 금속류 전극봉 : 오염물질은 젖은 타월로 제거하고, 70% 알코올에 적신 솜으로 닦아낸다.

③ 패드류 : 부직포는 세제로 세척하고, 건조 후 자외선 소독기에 보관한다.

④ 각종 보울 : 유리나 플라스틱제는 세척 후, 자외선 소독기에 보관한다.

⑤ 붓, 스파튤라 : 세제를 푼 미온수로 세척하고, 건조 후 자외선 소독기에 보관한다.

⑥ 족집게 및 핀셋, 여드름 짜는 도구 : 미온수로 세제 세척하고, 열탕소독 및 자외선 소독기에 보관한다.

⑦ 타월, 고객 가운, 터번 : 면 소재의 타월, 고객가운, 베드커버 등은 열탕소독한 후, 일광소독한다.

⑧ 미용기기 등에 먼지가 끼지 않도록 잘 닦고 덮개를 씌워 놓는다.

⑨ 확대경, 우드램프는 사용 전 · 후 70% 알코올을 적신 솜으로 닦는다.

⑩ 관리용 베드, 정리대, 사용물품 등도 사용 전 · 후 70% 알코올을 적신 솜으로 닦는다.

⑪ 화장솜과 면봉은 멸균 처리된 일회용 제품을 사용한다.

표 3-2. 피부관리실의 기구 및 비품 소독방법

종 류	방 법	피부관리 비품
자외선 소독	1㎠당 85㎼ 이상의 자외선을 20분 이상 쬐어 준다.	컵, 스파튤라, 브러시, 스펀지
건열 멸균 소독	섭씨 100℃ 이상의 건조한 열에 20분 이상 쬐어준다.	거즈, 이불, 니들
증기 소독	섭씨 100℃ 이상의 습한 열에 20분 쬐어준다.	스팀타월
열탕 소독	섭씨 100℃ 이상의 물에 20분 끓여준다.	타월, 음료수 컵, 여드름 추출기, 면 소재의 종류
석탄산수 소독	석탄산수(석탄산 3%, 물 97%의 수용액)에 10분 이상 담가둔다.	청소도구
크레졸 소독	크레졸수(크레졸 3%, 물 97%의 수용액)에 10분 이상 담가둔다.	실내마루, 개수대, 화장실
에탄올 소독	에탄올 수용액(에탄올 70%)에 10분 이상 담가두거나, 수용액을 적셔 면 또는 거즈로 기구의 표면을 닦아준다.	전극, 유리관, 헤어클립, 여드름추출기, 손

7. 피부미용사의 개인위생

① 피부미용사는 전염병 및 건강상태에 대해 매일 확인한다.
② 피부미용사의 손가락에 외상이 있을 때는 고객의 피부에 직접 닿지 않도록 주의한다.
③ 감기에 걸렸을 경우에는 마스크를 착용한 후 피부관리를 실시한다.
④ 피부관리 전과 후에는 비누로 깨끗하게 손을 씻고, 필요에 따라 70% 알코올을 사용하여 손을 소독한다.
⑤ 손톱은 짧게 깎고, 손이 거칠어지지 않도록 관리한다.
⑥ 식후에는 양치질을 하고, 피부관리를 시작하기 직전에는 구강 청결제를 사용하여 입 냄새가 나지 않도록 주의한다.
⑦ 몸과 두발을 청결하게 하여 고객에게 불쾌감을 주지 않도록 한다.
⑧ 유니폼과 신발은 항상 깨끗하고 단정하게 착용한다.
⑨ 적당한 휴식과 운동, 균형 있는 식생활을 통해 건강한 생활을 유지한다.

위 생 점 검 표

관리자명 :

날짜	점검 내용																																		
	스파튤라					해면스펀지					타월					터번					여드름추출기					브러시					유리 보울				
	1	2	3	4	5	1	2	3	4	5	1	2	3	4	5	1	2	3	4	5	1	2	3	4	5	1	2	3	4	5	1	2	3	4	5

* 1 : 세제세척, 2 : 일광소독, 3 : 자비소독, 4 : 알코올(70%), 5 : 자외선 소독기

날짜	점검 내용																			
	피부관리사의 청결 상태								온장고 자외선 소독기			미용기기			피부관리용 베드			정리대		
	복장		구강, 손톱, 손		체취		건강상태													
	양호	개선	양호	개선	양호	개선	양호	개선	1	2	3	1	2	3	1	2	3	1	2	3

* 1 : 내부점검, 2 : 외부 점검, 3 : 코드점검

실습 보고서

피부관리실에서 사용하는 비품의 소독 절차를 표시하고 작성하시오.

<table>
<tr><th rowspan="2">영역</th><th rowspan="2">기구 및 비품</th><th colspan="5">실 시 내 용</th><th rowspan="2">비 고</th></tr>
<tr><th>세제 세척</th><th>일광 소독</th><th>자비 소독</th><th>알코올 (70%)</th><th>자외선 소독기</th></tr>
<tr><td rowspan="8">용품</td><td>스파튤라</td><td></td><td></td><td></td><td></td><td></td><td></td></tr>
<tr><td>해면스펀지</td><td></td><td></td><td></td><td></td><td></td><td></td></tr>
<tr><td>타월, 터번</td><td></td><td></td><td></td><td></td><td></td><td></td></tr>
<tr><td>여드름 추출기</td><td></td><td></td><td></td><td></td><td></td><td></td></tr>
<tr><td>붓</td><td></td><td></td><td></td><td></td><td></td><td></td></tr>
<tr><td>보울</td><td></td><td></td><td></td><td></td><td></td><td></td></tr>
<tr><td>베드커버, 가운</td><td></td><td></td><td></td><td></td><td></td><td></td></tr>
<tr><td>화장솜, 면봉</td><td></td><td></td><td></td><td></td><td></td><td></td></tr>
<tr><td rowspan="5">기기부속품</td><td>튜브</td><td></td><td></td><td></td><td></td><td></td><td></td></tr>
<tr><td>유리, 브러시</td><td></td><td></td><td></td><td></td><td></td><td></td></tr>
<tr><td>고무달린 전극 봉</td><td></td><td></td><td></td><td></td><td></td><td></td></tr>
<tr><td>금속류 전극 봉</td><td></td><td></td><td></td><td></td><td></td><td></td></tr>
<tr><td>패드</td><td></td><td></td><td></td><td></td><td></td><td></td></tr>
<tr><td rowspan="7">기구 및 도구</td><td></td><td>안전점검</td><td>청 결</td><td>고 장</td><td colspan="3">비 고</td></tr>
<tr><td>온장고, 자외선소독기</td><td></td><td></td><td></td><td colspan="3"></td></tr>
<tr><td>스티머</td><td></td><td></td><td></td><td colspan="3"></td></tr>
<tr><td>확대경</td><td></td><td></td><td></td><td colspan="3"></td></tr>
<tr><td>우드램프</td><td></td><td></td><td></td><td colspan="3"></td></tr>
<tr><td>피부관리용 베드</td><td></td><td></td><td></td><td colspan="3"></td></tr>
<tr><td>정리대</td><td></td><td></td><td></td><td colspan="3"></td></tr>
<tr><td rowspan="7">피부미용사</td><td></td><td colspan="6">위생 상태 점검</td></tr>
<tr><td>헤어스타일, 화장</td><td colspan="6"></td></tr>
<tr><td>피부미용사 가운</td><td colspan="6"></td></tr>
<tr><td>구강상태</td><td colspan="6"></td></tr>
<tr><td>손톱과 손 소독</td><td colspan="6"></td></tr>
<tr><td>체취</td><td colspan="6"></td></tr>
<tr><td>전염병 및 건강상태</td><td colspan="6"></td></tr>
<tr><td colspan="2">위생 관리 시 유의사항</td><td colspan="6"></td></tr>
</table>

제IV장
피부관리와 화장품

Ⅳ장 피부관리와 화장품

1. 피부관리와 화장품

화장품은 피부관리를 할 때 반드시 필요한 매개체 중의 하나이다. 그러므로 피부미용사는 화장품의 종류와 특성, 사용 방법을 잘 이해하고, 고객의 피부유형과 관리목적에 맞게 화장품을 선택하여 사용할 수 있어야 한다.

1) 화장품의 정의

"사람의 신체를 청결히 하고, 미화하여 매력을 더하고 용모를 밝게 변화시키거나 피부 혹은 모발의 건강을 유지 또는 증진하기 위해 사용하는 물품으로서 인체에 대한 작용이 경미한 것"(화장품 법에 의한 정의)

2) 화장품의 분류

"화장품법"에 제시된 화장품은 일반화장품과 기능성 화장품으로 분류되며, 제형, 성상, 연령, 성별에 따라 구분된다.

피부관리실에서 사용되고 있는 화장품은 피부관리 전문제품 이라고 칭하고 있으며, 피부유형, 피부관리 단계, 관리 목적에 따라 세분화 되어 있다.

- 피부관리용 전문 화장품의 특징 -

- 피부유형별로 구분
- 피부관리의 목적과 단계별로 구분
- 미용기기와 응용이 가능
- 작용성분, 제형, 사용방법이 다양
- 제품교육 후 사용이 가능

2. 피부관리 단계별 제품

1) 클렌저(cleanser)

클렌징은 피부관리의 도입과정으로 피부관리 효과를 높이는데 중요한 단계이다. 클렌징의 목적은 피부표면과 모공 내의 노폐물을 제거하여 깨끗하고 건강한 피부를 가꾸는데 있다. 또한 피부관리 계획을 수립하기 위한 피부분석과 다음 단계의 피부관리 효과를 증대하기 위해서도 필수적인 단계이며, 피부상태에 따라 클렌징의 방법과 클렌저의 선택이 고려되어야 한다.

그림 4-1. 클렌저의 종류

(1) 클렌징의 단계

- 1단계 : point make-up remover
- 2단계 : 1차 cleansing
- 3단계 : deep cleansing & peeling

(2) 클렌징의 종류 및 사용방법

① point make-up remover

point make-up remover는 주로 화장수 타입과 로션타입으로 자극없이 부분화장을 지우는 용도로 사용된다. 사용방법은 화장솜에 적셔 해당 부위에 얹어 놓은 후 가볍게 닦아낸다.

- point make-up remover -

- 눈 주위는 안 → 밖, 위 → 아래 방향으로 제거
- 깨끗한 퍼프, 해면을 이용하여 다시 한 번 제거

② cleansing lotion(cleansing milk)

cleansing lotion은 사용감이 산뜻하고, 편리한 용제형으로 모든 피부유형에 적합한 제형이다. 또한 작용 성분에 따라 피부유형별로 구분되어 있어 피부관리실에서 가장 선호하는 제품이다.

③ cleansing gel(cleansing jelly)

cleansing gel은 물에 쉽게 유화되는 용제형과 부드러운 겔 형태의 계면활성제형의 종류가 있다. 용제형의 겔은 주로 민감한 피부에 사용하며, 계면활성제형은 지성 및 여드름을 동반한 피부에 사용하면 효과적이다.

④ cleansing oil

cleansing oil은 수용성 오일 성분이 함유된 제품으로 물에 쉽게 용해된다. 주로 건조하고 민감피부, 지성피부, 노화피부에 적합한 클렌징 제품이다. 또한 눈 화장, 입술 화장 등 부분 화장 제거용으로도 사용된다.

⑤ cleansing cream

cleansing cream은 유분이 많이 함유된 제품으로, 이중세안이 필요하다. 사용 후 피부에 크림의 잔여물이 남아 있으면 모공을 막아 피부트러블을 유도하기도 한다.

⑥ cleansing foam

cleansing foam은 사용감과 퍼짐성이 우수하며, 이중세안 시 많이 사용된다.

cleansing lotion, cleansing gel, cleansing oil의 사용방법은 피부표면에 적당량을 고르게 도포한 다음 손끝에 물을 적셔가면서 가볍게 마찰해 준다.

표 4-1. 클렌저의 분류

구분	계면활성제형				용 제 형			
종류	soap	cleansing foam	cleansing powder	cleansing gel	cleansing lotion	cleansing oil	cleansing water	cleansing cream
제형	고 형	세안크림	과립/ 분말	액상/ 점조액상	액 상	액 상	액 상	크 림
제품 특성	편리성 우수 사용감 우수 탈지력	사용감 퍼짐성우수	사용성 간편	세정력 약함	사용감이 산뜻함, 편리성 우수	물에 쉽게 유화	세정 화장수 부분 화장	o/w형 w/o형 세정력 높음
사용 방법	손바닥에서 충분히 거품을 일으킨 후 사용		미온수에 개어서 rubbing	피부표면에 도포 후 손 끝에 물을 적셔가면서 가볍게 rubbing			화장솜에 적셔 해당 부위 닦음	도포 후 rubbing
사용 도구	hand	hand brush	hand brush	hand	hand	hand	hand 화장솜	hand
적용 피부	전신사용	얼굴전용	모든 피부	민감성(용제형) 지성, 여드름 (계면활성제형)	모든 피부	건성, 노화	모든 피부 부분화장	지성(o/w형) 건성, 민감 (w/o형)
비고	cleansing foam의 경우 브러시로 충분히 거품을 일으켜 피부에 도포 후 사용하기도 한다.							

2) 딥 클렌징(deep cleansing)

deep cleansing 방법은 제품을 이용한 방법과 기계를 이용한 방법으로 구분되며, 그 종류는 peeling, pack, disincrustation(노폐물 유화술), brush, suction 등이다. deep cleansing은 종류와 특성에 따라 명칭을 달리한다. 사용목적은 피부표면의 각질제거, 유용성분의 침투를 높이기 위해 사용한다. 그 중 peeling은 물리적 방법과 화학적 방법으로 구분되며, 작용성분과 사용방법에 따라 분류할 수 있다.

4-2. 딥 클렌징의 종류

memo

표 4-2. 딥 클렌징의 분류

구 분	물리적 방법		효 소		화학적 방법
제 형	scrub, exfolliant	gommage	cream	powder	lotion, gel
제 품 특 징	계면활성제형 세안제에 스크럽 함유	건조되면 고무처럼 굳어 물리적 힘에 의해서 각질제거	단백질 분해 효소 함유 (파파인-파파야 열매에서 추출)		AHA, BHA 함유
사 용 방 법	도포 후 물에 적셔 rubbing	건조 후 가볍게 rubbing	약간 건조되면 rubbing	미온수에 개어서 사용, 건조 전에 rubbing	면봉에 적셔서 얼굴 전면에 고르게 도포
사 용 도 구	· hand · brush	· hand · brush	· hand · brush	· hand · brush	· swab(면봉) · puff(화장솜)
적 용 피 부	· 정상, 건성(격주) · 지성, 과각화 (1-2회/주)	· 건성, 민감성 (2-3회/월) · 지성, 여드름, 색소침착 (1-2회/주)	· 건성, 민감성 (2-3회/월) · 지성, 여드름, 색소침착 (1-2회/주)	· 정상, 건성 (격주) · 지성, 복합성 (1회/주)	· 여드름, 지성, 과각화 피부(용액의 농도와 시간, 피부 유형에 따라 결정)
비 고	화농성, 민감성, 모세혈관 확장, 노화피부, 자외선 손상피부에 주의 요함				특별한 주의 요함

표 4-3. 기기를 활용한 세안 방법

구 분	vacuum suction	disincrustation	brushing
적용원리	· 모공 내와 피부표면의 피지 흡입 · 마사지 효과	전기를 이용한 방법 (노폐물 유화술)	전동 브러시를 이용하여 표면의 각질 제거
사용방법	유리관(ventouse)으로 흡입	적용 앰플을 면 퍼프에 적셔 기기에 적용	클렌저를 도포한 후, 브러시 기기를 적용
사용도구	유리관(ventouse) (목적별 호수) 적용	· galvanic machine · ampoule, puff	· brush machine · foam cleansing
적용피부	normal, oily, combination	normal, oily, acne	normal, oily, dry
비 고	sensitive skin, acne 사용주의	sensitive skin 사용주의	sensitive skin, acne 사용주의

3) 화장수(toner)

화장수는 피부유형과 피부관리 목적에 따라 세분화되어 있으며, 그 명칭은 toner, tonic, clarifying lotion, freshener, astringent 등으로 불려진다.

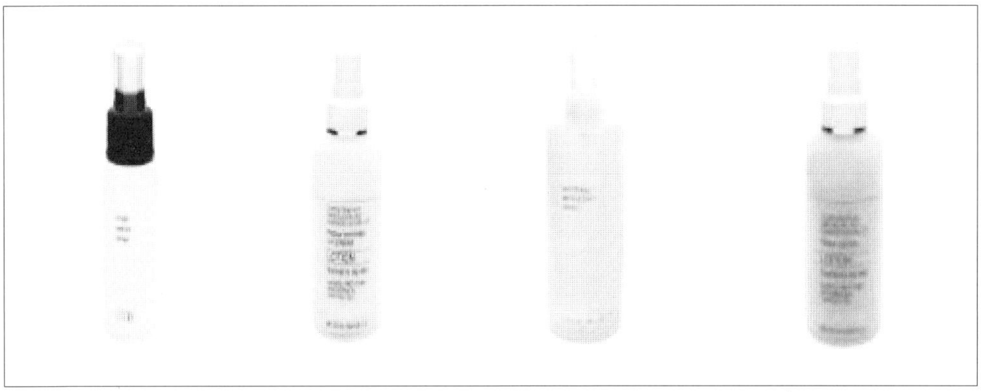

그림 4-3. 토너의 종류

(1) 화장수의 효과

- 클렌징 후의 잔여 노폐물 제거
- 피부표면의 pH balance 유지
- 피부의 일시적 긴장과 청량감 부여
- 수분공급 및 유연성 부여
- 함유된 활성성분에 따라 보습, 살균, 진정, 유연효과

(2) 화장수의 사용 방법

- 클렌징 후 화장솜에 적셔 가볍게 닦아낸다.
- 피부관리의 단계가 끝날 때마다 피부의 정돈 효과를 주기 위해 화장솜에 적셔 가볍게 닦아낸다.
- 보습 및 마무리 단계에서는 spray 분사 후 가볍게 두드리면서 흡수시킨다.

4) 에멀젼(emulsion; milk lotion)

에멀젼은 화장수와 크림의 중간적 성격을 가진 것으로, 유분의 함유량이 적고 보습 성분이 다량 함유되어 있어 사용감과 퍼짐성이 좋다.

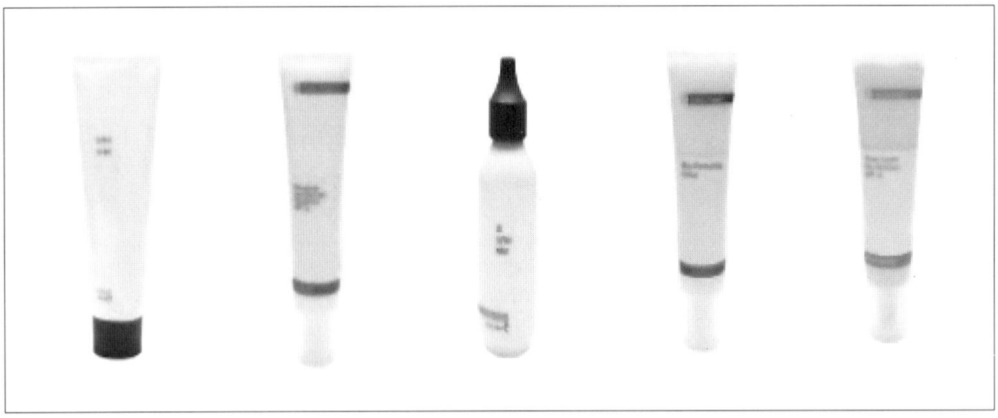

4-4. 에멀젼의 종류

(1) 효과 및 사용방법

- 피부의 보습 및 보윤

(2) 에멀젼의 사용방법

- 소량을 얼굴 전체에 도포 후 가볍게 두드리며 흡수시킨다.

5) 크림(cream)

크림은 피부유형과 목적, 사용 부위별로 세분화되어 있다. 그 종류로는 day cream, night cream, eye cream, neck cream, massage cream 등이며, 특수한 효과를 목적으로 한 종류도 있다.

그림 4-5. 크림의 종류

(1) 크림의 효과

- day cream은 주로 보습 및 자외선으로부터 피부 보호
- night cream은 주로 피부의 활성화 및 보습 집중관리
- eye cream, neck cream은 주름 완화 및 예방

(2) 크림의 사용 방법

- day cream은 소량의 크림을 얼굴전체에 도포하고, 가볍게 두드리면서 흡수시킨다.
- night cream은 사용목적과 피부상태에 따라 사용량을 조절한다. 얼굴 전체 에 도포하여, 가볍게 두드리면서 흡수시키고, 피부상태에 따라 얇은 피막이 형성 될 수 있도록 다시 한 번 도포해 준다.
- eye cream은 소량을 눈가 주변에 고르게 도포하고, 눈 꼬리에서 눈 아래, 눈 머리, 눈 두덩이를 지나 눈 꼬리 쪽으로 가볍게 흡수시킨다.
- neck cream은 목 전체에 고르게 도포하고, 양 손가락을 이용하여 끌어올리듯이 두드리면서 흡수시킨다.

표 4-4. 크림의 기능별 분류 및 효과

기 능	제 품
보습 및 유연 영양공급 효과	모이스처크림, 에몰리엔트크림, 데이크림, 핸드크림
피부 혈행 촉진 및 유연 효과	영양크림, 마사지크림, 나이트크림
피부 청결 및 세정 효과	클렌징크림
잔주름 예방	안티링클크림, 아이크림
피부 미백 효과	화이트닝크림
일소 및 일소방지 효과	썬크림, 썬 스크린크림, 썬 블록크림

- day cream : 피부보습 및 자외선으로부터 피부 보호
- night cream : 피부 재생 및 보습 효과
- eye, neck cream : 주름 완화 및 예방

6) 앰플(ampoule)

앰플은 천연 동 · 식물에서 추출한 농축 성분을 함유한 제품으로 집중 관리를 목적으로 사용한다. 제형은 주로 고농도의 액상 상태이며, 농도에 따라 앰플, 세럼, 에센스로 분류한다.

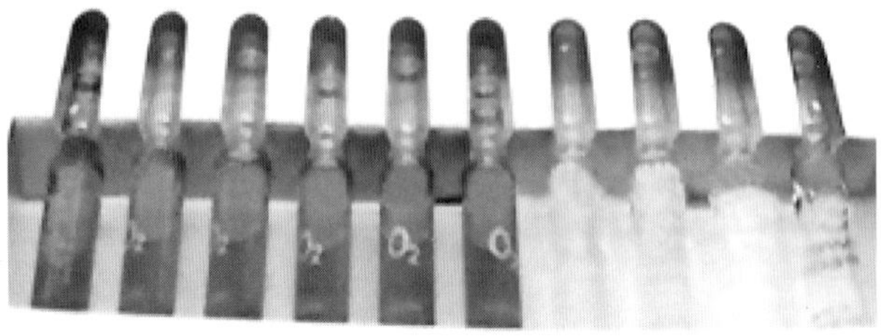

그림 4-6. 앰플의 종류

(1) 앰플의 종류

앰플의 종류는 피부의 문제 및 상태를 개선하기 위한 목적으로 구분되어 있다. 그 종류는 보습용, 노화용, 진정용, 정화용, 미백용 등이 있다.

표 4-5. 앰플의 종류

종 류	기능 및 주요 성분
보 습 용	▪ 수분 집중 공급 ▪ 식물성 단백질, NMF 성분, 해조 추출물, 식물성 추출물 등
노 화 용	▪ 잔주름 개선 및 수분 · 영양공급 ▪ 히아루론산, 비타민 A · E · C, 식물성 오일, 콜라겐 등
진 정 용	▪ 외부 자극으로부터 민감해진 피부에 수분 공급 및 진정 효과 ▪ 카모마일, 칼렌듈라, 아쥴렌, 알란토인 등
정 화 용	▪ 여드름 개선에 효과적이며 정화를 위한 수분공급 ▪ 칼렌듈라, 콘플라워, 야생 카모마일 등
미 백 용	▪ 색소 침착 방지 및 미백관리 ▪ 플라센타, 비타민 A · E · C 등
필 링 용	▪ 피부결 관리 및 보습, 진정효과 ▪ 젖산, 살리실산, 알로에베라, 레몬, 오렌지꽃 등

(2) 앰플의 사용방법

앰플의 사용방법은 이온토포레시스(iontophoresis)시스템을 이용하여 침투시키는 방법과 손으로 가볍게 두드리거나 마찰하면서 흡수시키는 방법이 있다.

7) 팩과 마스크

팩과 마스크는 피부관리 과정 중에서 중요한 단계로써 천연재료부터 다양한 제형의 종류가 있다. 전문제품의 팩과 마스크는 주로 사용목적과 피부유형별로 구분되어 있다. 팩의 단어는 "package"에서 유래된 용어로 그 뜻처럼 피부를 팩 제로 둘러싸는 즉, 밀폐시킨다는 의미로 사용하였다. 팩과 마스크는 보통 같은 의미로 쓰이지만, 팩은 바른 후에 굳어지지 않으며 공기를 통과시키는 것이며, 마스크는 바른 후 딱딱하게 굳어져 공기를 차단시키는 것을 말한다.

(1) 팩(마스크)의 효과

- 마스크의 건조도에 의한 피부의 긴장감 부여
- 피부표면 온도 상승효과에 의한 혈액과 림프액의 순환 촉진
- 수분의 증발 방지 및 보습 성분에 의한 보습력 강화
- deep cleansing 효과로 피부 청정작용 및 유효성분 침투
- 함유된 성분에 따른 미백, 보습, 영양, 진정 작용

- 마스크의 사전준비 -

- 아이 패드
- 클렌징 철저히
- 스파튤라 이용
- 소독된 브러시 사용
- 목적에 따라 온도 조절
  - warm : 스팀타월, 적외선램프
  - cool : 냉타월, ice bowl

(2) 팩(마스크)의 종류 및 적용방법

① 크림 타입 마스크

크림 타입 마스크는 피부유형과 사용목적에 따라 다양한 유효 성분을 함유하고

있으며, 사용이 간편한 제품으로 피부관리실에서 가장 보편적으로 사용하는 팩 제이다. 건성 및 노화 피부에 효과적이다.

② 분말 타입 마스크

분말 타입의 마스크는 분말 형태로 되어 있는 마스크제로 증류수나 용액에 혼합하여 사용한다. 주로 clay, 석고, 해초마스크 등이 있으며, 지성 및 여드름피부에 효과적이다.

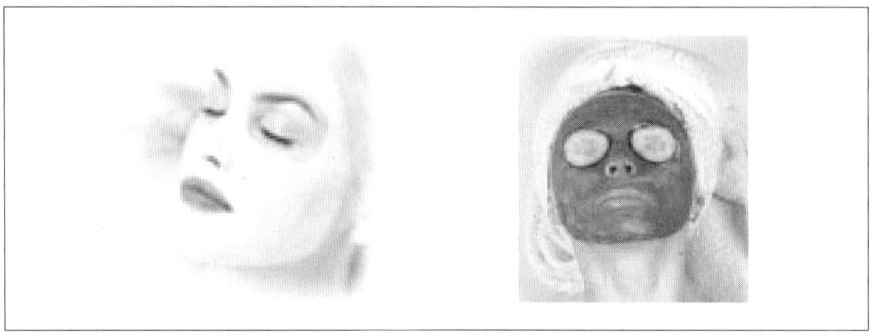

그림 4-7. 크림과 분말 타입 마스크

③ 벨벳 마스크(collagen velvet, collagen sheet)

벨벳 마스크는 콜라겐을 주성분으로 한 패치 타입의 마스크로 수분을 집중 공급하여 피부의 탄력을 증진시켜 주는 효과가 있다. 모든 피부에 사용이 가능하며, 특히 노화, 건성, 민감, 수분이 부족한 피부에 효과적이다. 사용방법은 벨벳 마스크를 얼굴에 얹어 놓은 다음, 증류수 또는 전용 용액을 브러시에 적셔 마스크를 피부에 밀착시킨다.

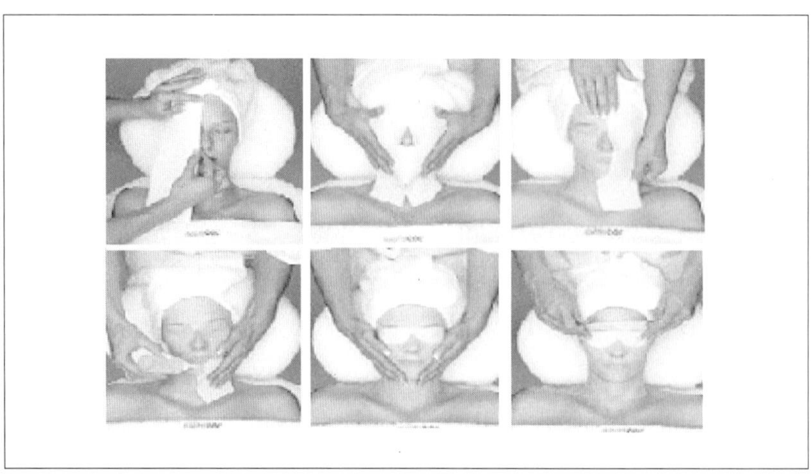

그림 4-8. 콜라겐 벨벳 마스크

④ **파라핀 마스크(parrafin mask)**

파라핀 마스크는 대표적인 warm mask로 수분보유 효과가 뛰어나 특히 수분이 부족되기 쉬운 손과 발 관리에 많이 사용된다. 또한 얼굴 관리에서는 파라핀의 따뜻한 열이 피부표면의 모공을 열어주어 노폐물 배출을 쉽게 하며, 영양성분의 침투를 용이하게 한다. 사용 방법은 고형의 파라핀을 파라핀 워머기에 녹여 따뜻한 액상의 상태로 사용한다. 피부에 먼저 적용 앰플을 침투시키고, 영양크림으로 보호막을 형성한 후 거즈를 부착시키고 그 위에 따뜻한 액상 파라핀을 도포한다. 적용 피부는 노화피부, 건성피부, 정상피부에 사용할 수 있으며, 특히 악 건성피부에 사용하면 효과적이다. 단 안면홍조, 모세혈관 확장, 화농성여드름피부는 사용을 피한다.

그림 4-9. 파리핀 마스크

⑤ **알고 마스크(algo mask)**

알고 마스크는 차가운 느낌의 cool mask로 해조에서 추출한 알긴산이 주성분이며, 수분 공급 및 진정 효과가 있다. 사용 방법은 알고 마스크 파우더를 솔루션에 혼합하여 피부에 도포하고, 10~20분 후 고무모양으로 응고되면 제거한다.

⑥ **석고 마스크(gypsum, mask, modelling mask)**

석고 분말을 증류수에 희석하여 피부에 도포한다. 피부표면의 온도를 높이는 열 작용에 의해 유효 성분을 피부에 침투시키는 효과를 가지고 있으며, 탄력을 잃은 피부에 리프팅 효과를 갖는다. 적용 대상은 노화, 건성, 탄력 없는 피부에 사용할 수 있으며, 단 모세혈관 확장, 민감피부, 화농성 여드름은 사용하지 않는 것이 좋다.

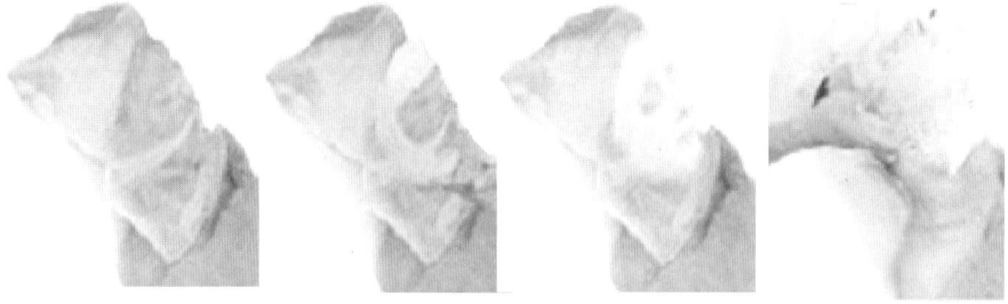

그림 4-10. 석고 마스크

⑦ 천연 팩

천연 팩은 우리 주변에서 손 쉽게 구할 수 있기 때문에 사람이 먹을 수 있는 재료를 거의 이용할 수 있다. 따라서 천연 팩의 종류가 매우 다양하며, 재료 성분에 따라 그 효과도 다양하다. 대체로 수분을 많이 함유하고 있는 과일과 야채는 팩의 재료로 사용되며, 일반적으로 천연 팩의 사용 방법은 천연 재료 그대로 사용하거나 몇몇 재료를 조합해서 사용한다.

8) 특수 목적 제품

특수 목적 제품은 아로마테라피, 스파, 반사요법 등의 특수 관리를 위한 제품으로 세분화되어 있다. 또한 여드름, 기미, 주름 등의 피부문제 개선을 목적으로 한 제품 등도 분리되어 있다.

memo

3. 피부유형별 유효 성분

1) 피부유형별 효과적인 성분

(1) 건성피부

① 올리브 오일(olive oil)

올리브 오일은 올리브 열매를 냉동 · 압착하여 추출하며, 식물유 중에서 비교적 피부 흡수가 좋다. 에몰리엔트크림 등에 사용하며, 알레르기를 유발할 수 있다.

② 아보카도 오일(avocado oil)

아보카도 오일은 아보카도 열매를 냉동 · 압착하여 추출하며, 비타민 A · B가 함유되어 있다. 피부 친화성이 높고 퍼짐성이 우수하여 에몰리엔트 크림, 샴푸, 헤어린스 등에 사용한다.

③ 아몬드 오일(almond oil)

아몬드 오일은 아몬드의 씨에서 추출하며, sweet almond oil과 bitter almond oil이 있다. 화장품에 사용되는 것은 sweet almond oil이며, 크림, 로션의 에몰리엔트제, 마사지 오일 등에 사용한다.

④ 살구씨 유(apricot kernel oil)

살구씨 유는 살구씨(행인)에서 추출하며, 감촉이 우수하여 에몰리엔트제로 사용한다.

⑤ 밍크 오일(mink oil)

밍크 오일은 밍크의 피하조직에서 추출하며, 피부 친화성과 퍼짐성이 우수하여 에몰리엔트제로 사용한다.

⑥ 해초 추출물(algae extract)

해초 추출물은 미역, 다시마, 우뭇가사리와 같은 해초에서 추출하며, 보습, 피지분비 억제 효과가 있다.

⑦ **알로에 베라 겔(aloe vera gel)**

알로에 베라 겔은 알로에 베라 잎에서 추출하며, 보습과 진정 효과가 있다.

⑧ **히아루론 산(hyaluronic acid)**

히아루론 산은 닭 벼슬에서 추출하며, 수분 함습 능력이 우수하여 보습물질로 사용한다.

⑨ **솔비톨(sorbitol)**

솔비톨은 보습 효과가 있다.

(2) 지성피부

① **위치 헤이즐(witch hazel)**

위치 헤이즐은 조롱나무에서 추출하며, 모공수축 및 항염증 효과가 있다.

② **캄파(camphor)**

캄파는 사철나무에서 추출하며, 방부(antiseptic), 진정효과가 있다.

③ **알란토인(allantoin)**

알란토인은 컴프리 뿌리 등의 식물에서 추출하며, 진정, 재생 효과가 있다.

④ **멘톨(menthol)**

멘톨은 페퍼민트 성분의 하나로 여드름피부의 염증 완화 및 진정 효과가 있다.

⑤ **클로로필(chlorophyll)**

클로로필은 식물의 광합성 작용에 의해 얻어지는 녹색 물질로, 피부 정화작용이 우수하여 지성용 화장품에 많이 쓰인다.

(3) 민감성피부

① **디-판테놀(d-panthenol)**

디-판테놀은 비타민 B_5라고도 하며, 보습 진정 효과가 있다.

② 서양 박하 추출물(balm mint extract)

서양 박하 추출물은 서양 박하잎에서 추출하며, 피부 진정 효과가 있다.

③ 아줄렌(azulene)

아줄렌은 카모마일 꽃에서 추출하며, 피부 진정 및 항염증 효과가 있다.

④ 사이프러스(cypress)

사이프러스는 삼나무의 일종으로 사이프러스의 열매에서 추출하며, 탄닌 성분이 함유되어 수렴, 혈관 수축, 진정 효과가 있다.

⑤ 쟈스민(jasmine)

쟈스민은 '밤의 여왕'이라고 불리는 식물로 인도와 중국이 원산지이다. 쟈스민 꽃에서 추출하며, 건성, 지성, 민감성피부에 효과적이다.

(4) 노화피부

① 로즈 힙 오일(rose hip oil)

로즈 힙 오일은 칠레산 야생 장미의 종자에서 추출하며, 화상, 상처 치유, 노화 억제, 에몰리엔트, 색소침착 방지 효과가 있다.

② 레티놀(retinol)

레티놀은 레틴산(retinoic acid)의 전구물질로 잔주름 개선 효과가 있다.

③ 로얄젤리 추출물(royal jelly extract)

로얄젤리 추출물은 로얄젤리(일벌의 분비물)에서 추출하며, 보습, 피부 면역 강화, 세포 재생 효과가 있다.

④ 태반 추출물(placenta extract)

태반 추출물은 소의 태반에서 추출하며 보습, 세포 재생, 미백 효과가 있다.

⑤ 흉선 추출물(thymus extract)

흉선 추출물은 소의 흉선에서 추출하며, 피부 면역 강화, 노화 억제, 세포 활성화 효과가 있다.

⑥ 세라마이드(ceramide)

세라마이드는 동물과 식물에서 추출하며, 표피의 세포간 지질의 하나로 보습 · 보윤 효과가 있다.

⑦ 비즈왁스(beeswax)

비즈왁스는 벌집에서 추출하며, 유화제나 화장품의 농도 조절, 크림의 원료로 사용한다.

⑧ 윗점 오일(wheat germ oil)

윗점 오일은 밀의 맥아에서 추출하며, 항산화 효과 및 재생 효과가 있다.

⑨ 쉐어 버터(shea butter)

쉐어 버터는 쉐어라는 고목 과실의 종자로부터 추출하며, 자외선으로부터 피부를 보호하여 주고 홍반과 부종 억제, 피부 유연 효과가 있다.

2) 피부문제와 유효 성분

(1) 여드름

① 침강유황(precipitated sulfur)

침강유황은 살균 · 표백 작용 및 각질 연화 작용, 피지분비를 억제하는 효과가 있다.

② 감광소(photosensitizing dye)

감광소는 강력한 살균력이 있고, 침투성이 우수하며 피부 청정 및 정화 효과가 있다.

③ 레조르신(resorcin)

레조르신은 각화 작용과 살균력이 있어, 습진 및 지루 등에 사용한다.

④ 입실론-아미노카프로인산(ε-aminocaproic acid)

입실론-아미노카프로인산은 항염증 및 항 알레르기 작용이 있고, 피부 자극 억제, 습진과 피부염 완화 효과가 있다.

⑤ **비타민 B군 화합물**

비타민 B군 화합물은 만성 습진, 지루성 습진, 일광 피부염 등에 효과가 있다.

⑥ **비타민 A**

비타민 A는 피부의 재생, 피지선과 한선 수축, 피지분비 억제 효과가 있다.

⑦ **알란토인(allantoin)**

알란토인은 컴프리 뿌리 등의 식물에서 추출하며, 각질 제거, 피부 재생, 항염증 효과가 있다.

(2) 색소침착

① **비타민 C 팔미테이트(vitamin C palmitate)**

비타민 C 팔미테이트는 아스코빌 팔미테이트(ascobyl palmitate)라고도 하며, 콜라겐 합성 촉진, 피부 미백 효과가 있다. 비타민C 자체는 수용성으로 쉽게 산화되어 분해되며, 피부 흡수를 촉진하기 위해 에스테르 유형인 비타민 C 팔미테이트가 주로 사용된다.

② **상백피 추출물(mulberry extract)**

상백피 추출물은 뽕나무의 껍질에서 추출하며, 항균, 여드름 치유, 미백 효과가 있다.

③ **참당귀 추출물(angelica extract)**

참당귀 추출물은 안젤리카의 잎 또는 줄기에서 추출하며, 진정, 진통, 미백 효과가 있다.

④ **우엉 추출물(burdock root extract)**

우엉 추출물은 우엉 뿌리에서 추출하며, 보습, 기미 예방, 혈행 촉진, 발한 효과가 있다.

⑤ **퀸씨드 추출물(quince seed extract)**

퀸씨드 추출물은 마르멜로의 열매에서 추출하며, 피부 자극 완화, 수렴, 보습, 일광 화상 예방, 기미, 주근깨 예방 효과가 있다.

⑥ **태반 추출물(placenta extract)**

태반 추출물은 소의 태반을 적출하여 저온에서 동결 건조시킨 후 추출하며, 주성분은 수용성 비타민, 아미노산, 세포 성장인자 등으로 보습, 세포 재생, 미백 효과가 있다.

⑦ **감마-오리자놀(γ-orizanol)**

감마-오리자놀은 쌀겨에서 추출하며, 혈액순환, 피부 재생, 미백 효과가 있다.

(3) 모세혈관 확장

① **아줄렌(azulene)**

아줄렌은 짙은 파란색을 띄는 카모마일에서 추출하며 항염증, 진정 효과가 있다.

② **비사볼(bisabol)**

비사볼은 카모마일이나 서양 톱풀에서 추출하며 항염증, 진정 효과가 있다.

③ **알로에(aloe)**

알로에는 보습과 항염증 효과가 있다.

④ **호스 체스넷(horse chestnut)**

호스 체스넷은 침엽수에서 추출하며, 항염증, 진정 작용, 순환 촉진 효과가 있다.

⑤ **하마멜리스(hamamelis)**

하마멜리스는 위치하젤로도 알려져 있으며 항염증, 상처 치료 효과가 있다.

⑥ **메리골드(marigold)**

메리골드는 금송화에서 추출하며, 방부, 진정 효과가 있다.

⑦ **루틴(rutin)**

루틴은 운향의 잎과 메밀에서 추출하며, 피부 모세혈관의 탄력, 강화 효과가 있다.

3) 피부유형별 효과적인 에센셜 오일

(1) 정상피부

카모마일(chamomile), 펜넬(fennel), 제라늄(geranium), 라벤더(lavender), 레몬(lemon), 파쵸리(patchouli), 로즈(rose), 샌달우드(sandal wood)

(2) 건성피부

쟈스민(jasmine), 라벤더(lavender), 팔마로사(palmarosa), 제라늄(geranium), 로즈(rose), 일랑일랑(ylang-ylang), 프랑킨센스(frankincense), 네롤리(neroli), 로즈우드(rose wood)

(3) 지성 피부

버가못(bergamot), 사이프러스(cypress), 제라늄(geranium), 쥬니퍼(juniper), 라벤더(lavender), 일랑일랑(ylang-ylang), 그레이프후르트(grapefruit), 로즈마리(rosemary), 레몬(lemon), 프랑킨센스(frankincense), 세이지(sage), 오렌지(orange), 만다린(mandarin)

(4) 민감성피부

카모마일(chamomile), 쟈스민(jasmine), 멜리사(melisa), 네롤리(neroli), 제라늄(geranium)

(5) 노화 피부

클라리세이지(clary-sage), 펜넬(fennel), 프랑킨센스(frankincense), 미르(myrrh), 로즈(rose), 샌달우드(sandal wood), 네롤리(neroli), 제라늄(geranium)

(6) 여드름

쥬니퍼(juniper), 시더우드(cedarwood), 사이프러스(cypress), 파쵸리(patchouli), 티트리(tea-tree), 유칼립투스(eucalyptus), 클라리세이지(clary-sage), 마죠람(marjoram), 페퍼민트(peppermint)

(7) 색소침착

레몬(lemon), 네롤리(neroli), 라벤더(lavender)

(8) 모세혈관 확장

카모마일(chamomile), 제라늄(geranium), 로즈마리(rosemary), 파쵸리(patchouli), 네롤리(neroli)

4) 피부유형별 효과적인 한방 재료

(1) 건성피부

해초, 율무, 행인유, 도인유

(2) 지성피부

맥반석, 카오린, 송진

(3) 민감성피부

감초, 당귀, 애엽

(4) 노화피부

도인, 행인, 율피

(5) 여드름

고삼, 삼백초, 금은화, 어성초, 상엽, 녹두

(6) 색소침착

토사자, 백봉령, 백강잠, 백부자

(7) 모세혈관 확장

감국, 신이, 당귀, 도인, 동과자

제Ⅴ장
피부미용 기기

V장 피부미용 기기

1. 피부미용 기기의 활용

피부미용 기기의 활용은 피부관리 시 정확한 피부상태와 유형을 분석하고 진단할 수 있으며, 과학적이고 효율적인 관리를 통해 피부관리의 효과를 극대화할 수 있다.

표 5-1. 관리 단계별 피부미용 기기의 종류

관리 단계	사용 기기	사용 목적
피부 분석	확대경, 피부진단기, 우드램프 유·수분 측정기, pH 측정기	피부 진단
클렌징	브리시, 스티머	노폐물 제거, 각질 연화
딥 클렌징	브러시, 스티머	각질 제거, 모공 청결, 온열 효과
앰플	갈바닉기, 초음파기	제품 흡수 촉진
마사지	고주파기, 진공 흡입기, 패터기 리프팅기, 림프 드레니쥐기	혈액순환 촉진, 림프순환 촉진 주름 완화, 탄력 증진
마스크 & 팩	적외선 램프	온열 효과, 제품 흡수 촉진
마무리	스프레이	보습, 수렴효과

2. 안면 피부미용 기기

1) 스티머(steamer, vapozone, vaporizer, ozone vaporizer)

스티머는 클렌징, 딥 클렌징, 마사지, 여드름 추출, 마스크 단계 등에서 유용하게 사용되는 기기로, 특히 딥 클렌징 단계에서 매우 효과적으로 사용할 수 있다. 따뜻한 증기를 얼굴에 분사함으로써 피부 연화 작용, 세정 작용, 혈액순환 촉진 등 다양한 효과를 갖는다. 스티머는 증기의 온도와 목적에 따라 hot steamer, ozone steamer, cool steamer로 구분한다.

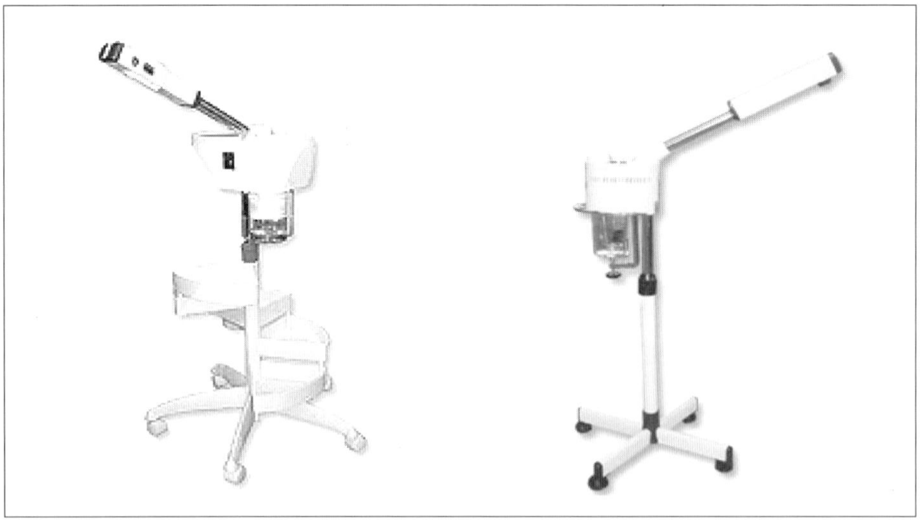

그림 5-1. 스티머

(1) 효 과

- 피부 각질 연화
- 노폐물 배출
- 여드름 추출 용이
- 보습 효과
- 혈액 및 림프 순환 촉진
- 화장품 흡수 촉진

(2) 피부유형에 따른 적용 거리 및 시간

스티머는 피부유형에 따라 거리 및 시간을 조절하여 사용한다.

표 5-2. 피부유형에 따른 시술 거리 및 시간

피부유형	거리 및 시간	
정상피부	30 cm	15분
지루성, 비화농성 여드름	25 cm	10분
노화, 건성피부	38 cm	5분
복합성, 민감성피부	40~50 cm	5분

(3) 관리 절차

사용 10분 전 물통 준비 → 전원 켬 → 아이 패드 → 거리 조절 → 증기 분무

(4) 적용 금지 대상

- 일광에 손상된 피부
- 화농성 여드름
- 상처가 있는 피부
- 과민성피부
- 알레르기
- 모세혈관 확장

(5) 주의 사항

- 물은 정제수나 증류수만 사용한다.
- 물때 제거 시 세제 사용은 금지한다(물과 식초를 4 : 1).
- 스팀은 고객의 턱 선의 아래 부위에 맞춘다.
- 민감한 부위와 눈은 면 패드(아이 패드)를 사용하여 덮어 둔다.
- 스팀이 분무된 후, 오존 스위치를 작동시킨다.

2) 브러싱(brushing, frimator)

브러시는 피부에 자극이 적은 천연 양모 또는 산양의 털을 소재로 만든 것으로 그 크기와 재질이 다양하다. 브러싱은 이러한 솔을 이용하여 피부표면의 노화된 각질을 제거하는 목적으로 사용된다.

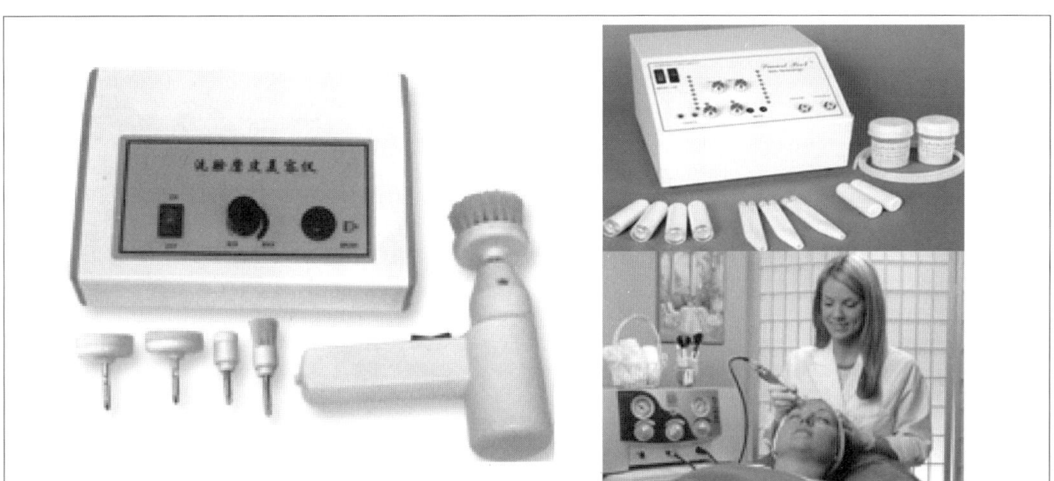

그림 5-2. 브러싱

(1) 효 과

- 클렌징 및 딥 클렌징 효과 : 모공 속의 노폐물과 메이크업 잔여물 제거
- 필링 효과 : 각질 제거
- 피부표면 온도상승, 혈액순환 촉진, 신진대사 원활

(2) 브러시 재질과 호수

브러싱은 사용 목적과 피부상태에 따라 브러시의 재질과 호수를 다르게 적용한다.

표 5-3. 피부유형에 따른 브러시의 재질

재질 및 속도	피부유형
거친 솔(느리게)	두껍고 노화된 각질, 지성피부
부드러운 솔(빠르게)	건성, 노화, 정상, 민감성피부
돌(느리게/빠르게)	각질이 두꺼운 피부, 전신
스펀지	전신

표 5-4. 브러시 호수에 따른 사용부위

호 수	사용부위
1호	눈 주위, 입가, 코 부위, 턱 라인
2호	이마, 볼, 턱, 목
3호	목과 양어깨 등 굴곡이 있거나 넓은 신체 부위
4호	각질 제거 시 사용

(3) 관리 절차

물에 적신 브러시를 손잡이에 끼움 → 스위치 켬 → 회전 속도조절

회전 속도 · 정상피부 : 300~400 rpm
· 민감성피부 : 200~250 rpm
· 지성, 두꺼운피부 : 400~500 rpm 적용

(4) 적용 금지 대상

- 일광이나 화상에 손상된 피부
- 화농성 여드름
- 상처가 있는 피부
- 모세혈관 확장
- 알레르기

(5) 주의 사항

- 관리 과정 중 브러시를 교체할 때는 기기의 전원을 끈 상태에서 교체한다.
- 솔은 사용 전 물을 적셔 두어 부드럽게 하여 사용한다.
- 브러시 털이 눌리지 않도록 힘을 빼고 직각으로 세워 부드럽게 사용한다.
- 사용 후에는 세척, 소독하여 보관한다.
- 머리카락이 엉키지 않도록 주의한다.

3) 진공 흡입기(suction, vaccum machine)

진공 흡입기는 벤도우제(ventouse)라 불리는 다양한 모양과 크기의 컵을 이용하여 안면과 전신을 관리한다. 진공 흡입기의 관리 목적은 림프액과 혈액의 흐름을 빠르게 유도하고, 모공 내의 노폐물 배출을 쉽게 하기 위해 사용한다. 벤도우제의 구멍을 막으면 흡입력에 의하여 피부가 끌어 당겨지고, 구멍을 열면 피부가 원상태로 돌아가는 원리를 이용한 것이다.

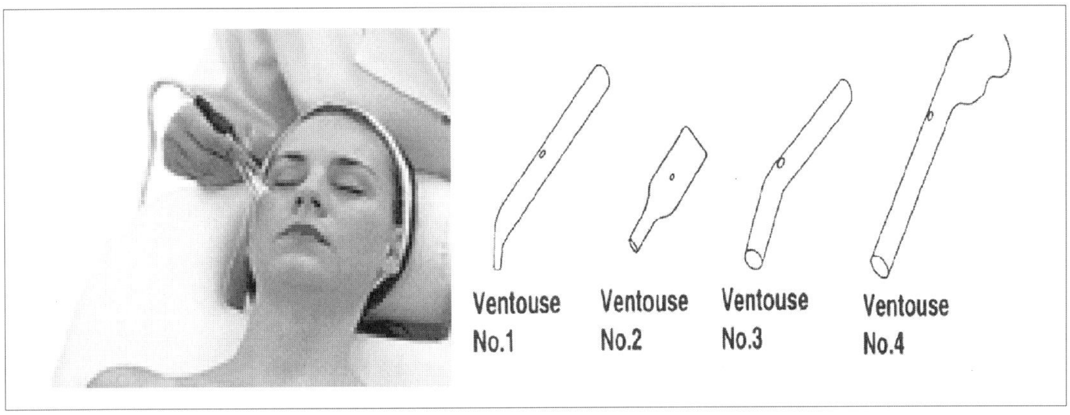

그림 2-3. 진공 흡입기

(1) 효 과

- 피지제거 및 여드름 추출 용이
- 잔주름 완화
- 근육 및 경혈점 자극
- 마사지 효과
- 림프 및 혈액 순환 촉진

(2) 벤도우제의 종류 및 사용 부위

벤도우제는 유리관과 플라스틱 재질로 만들어져 있으며, 사용부위나 목적에 따라 크기가 다르다.

표 5-5. 벤도우제 호수에 따른 사용부위

벤토즈의 종류	사용 부위
1호	T-zone 부위 : 피지 제거
2호	잔주름 부위, 얼굴전체 : 피지제거 마사지
3호	눈주위, 입주위, 코부위 등 좁은 부위 : 피지제거 마사지
4호	얼굴, 가슴, 목 등의 넓은 부위 : 마사지

(3) 관리 절차

비 적응증 검토 및 관리 설명 → 클렌징(고객 금속 물질 착용 확인) → 목적에 따른 화장품 도포 → 유리관 선택(벤도우제) → 관리실시

(4) 적용 금지 대상

- 모세혈관 확장
- 화농성 여드름
- 민감한 상태
- 상처 부위

(5) 주의 사항

- 주름 완화 및 마사지를 목적으로 적용할 때에는 피부의 자극을 최소화하기 위해 크림이나 오일을 바른다.
- 한 부위에 너무 오래 사용하지 않는다.
- 흡입기는 중성세제에 세척하고, 70% 알코올에 담근 후 건조시켜 자외선 소독기에 보관한다.

4) 아이오노즈(ionos machine, galvanic)

아이오노즈는 60~80V의 낮은 갈바닉 전류의 원리를 이용한 기기로 피부표면의 노폐물을 유화시키는 전기세정(disincrustation)과 피부내의 물질 흡수를 촉진하기 위한 이온도입법(iontophoresis)의 목적으로 사용한다.

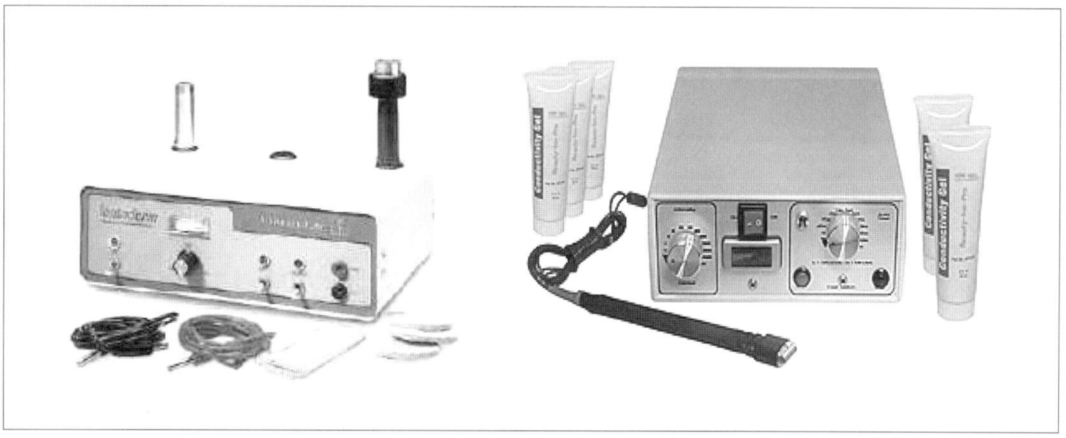

그림 5-4. 갈바닉

(1) 이온도입법(이온토포레시스 관리법; iontophoresis)

음이온 제품은 음(-)극으로 양이온 제품은 양(+)극을 이용하여 영양물질이나 유효 성분을 침투시켜주는 관리방법으로 전기 이온영동법이라고도 불린다. 주로 전극봉을 이용하여 과색소침착 피부를 위한 비타민 C 투입이나 영양 에센스 및 앰플을 주입할 때 사용한다.

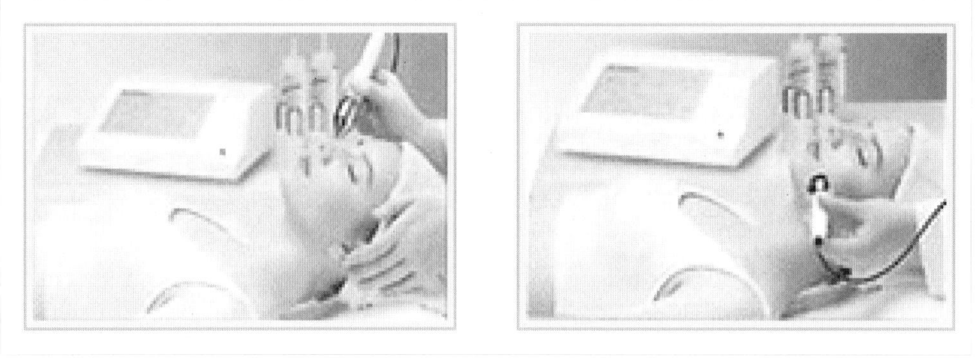

그림 5-5. 이온토포레시스

(2) 전기세정(노폐물 유화술; disincrustation)

노폐물 유화술은 음극 봉에서 일어나는 효과를 이용하여 피부표면의 피지 분해, 과각질 제거, 모공 속에 있는 피지들을 유화시키는 작용을 한다.

표 5-6. 극의 효과

양극(+) 작용	극간	음극(-) 작용
▪ 모공, 한선 수축 ▪ 산성 물질 투입 ▪ 염증 억제 ▪ 혈액 공급 감소 ▪ 피부조직 강화 ▪ 신경 안정 ▪ 진정 작용	▪ 혈액순환 촉진 ▪ 림프순환 촉진 ▪ 체온 상승 ▪ 신진대사 증진	▪ 모공, 한선 확장 ▪ 알칼리성 물질 투입 ▪ 지성피부, 여드름피부 ▪ 모낭속의 피지 제거 ▪ 피부에 혈액공급 증가 ▪ 피부조직 이완 ▪ 활성화 작용

표 5-7. 이온도의 종류와 적용부위

종 류	적용부위
▪ 이온토 핀셋과 봉 ▪ 이온토 롤러 ▪ 이온토 마스크	▪ 입, 코, 눈 주위 ▪ 이마와 볼 주위 ▪ 얼굴 전체

표 5-8. 피부유형에 따른 적용시간과 극성 선택

피부유형	적용시간 및 극성
▪ 건성 · 노화 피부	▪ 6분 이내(−)
▪ 디스인크러스테이션	▪ 6분(−)
▪ 복합성피부	▪ 각 3분(−)(+)
▪ 지성피부	▪ 6분(+)
▪ 여드름	▪ 6분(+)
▪ 모세혈관 확장	▪ 가능한 시술 금지
▪ 예민성피부	▪ 가능한 시술 금지

(3) 관리 절차

비 적응증 검토 및 관리 설명 → 비활동 전극(연결패드)을 고객의 팔에 고정 → 활동 전극(롤러, 핀셋, 마스크 중 선택) → 앰플의 극성에 따라 (-)/(+) 극 선택 → 적용시간, 세기 조정 → 앰플 도포 → 스위치 꺼짐 상태 확인 → 전극봉을 얼굴에 대고 스위치를 켬 → 서서히 실행 → 세기를 낮춘 후 스위치를 끄고, 전극봉을 얼굴에서 떼어냄

(4) 적용 금지 대상

- 모세혈관 확장
- 민감한 피부
- 알레르기
- 임산부
- 당뇨병
- 수술 환자
- 인체 내의 금속판, 금속 핀이 있는 사람
- 인공 심박기, 신장기 착용자

(5) 주의 사항

- 갈바닉 전류의 적당한 세기 조절
- 기기 사용 전 고객의 금속성 악세사리 제거
- 관리가 끝나면 반드시 물로 세척 후 재 사용
- 오일 타입의 앰플은 전도되지 않으므로 주의

5) 고주파(high frequency machine)

고주파 기기는 초당 100,000Hz 이상의 높은 진폭에 의해 분류되는 교류전류이다. 인체 조직에 고주파를 통전하면 진동폭이 짧아 진동 전류 에너지가 열에너지로 빨리 전환되는 특징이 있어 온열감을 느끼게 된다. 근육을 자극시키는 맥동 시간이 아주 짧아 감각 신경이나 운동 신경을 자극하지 않고, 특정 부위에 심부열 효과를 줄 수 있다.

(1) 효 과

- 온열 작용
- 지성, 여드름피부 : 살균작용, 소독작용
- 노화피부 : 혈액순환 촉진
- 피부조직의 재생력 강화
- 제품의 경피 흡수 촉진
- 근육조직 내에서 열 발생

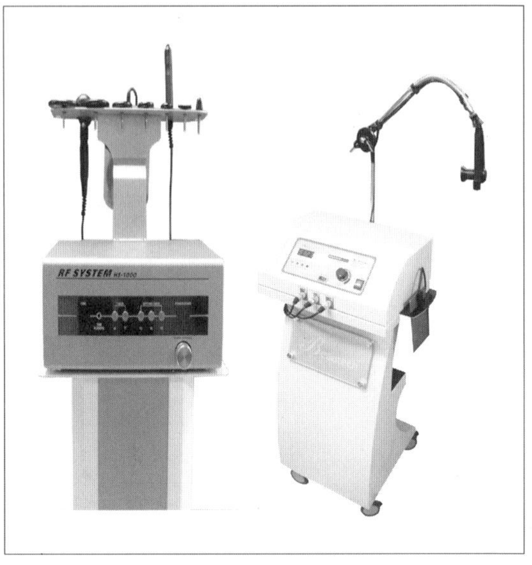

그림 5-6. 고주파기

(2) 적용방법에 따른 구분

고주파 기기의 적용 방법은 직접 적용법과 간접 적용법으로 구분된다.

표 5-9. 고주파 기기의 적용 분류

간접 적용	직접 적용
▪ 고객이 전극을 쥐고 관리사는 얼굴 위에서 적용 ▪ 피부연화, 자극, 긴장감 부여	▪ 관리사가 고객의 피부 위에 직접 적용 ▪ 살균 · 소독 및 영양공급

(3) 유리전극의 종류와 용도

고주파 기기는 유리전극의 종류에 따라 용도가 다르다.

표 5-10. 고주파기기의 종류와 용도

종 류	용 도
▪ 일자관	눈 밑을 자극
▪ 말굽형	목 부위, 베이스크림, 앰플 침투
▪ 롤러형	얼굴전체
▪ 표고버섯형	얼굴, 목, 영양크림, 앰플 사용
▪ 스푼형	코 옆, 얼굴의 각진 부위
▪ 느타리버섯형	코 옆 입술, 인중, 눈 밑

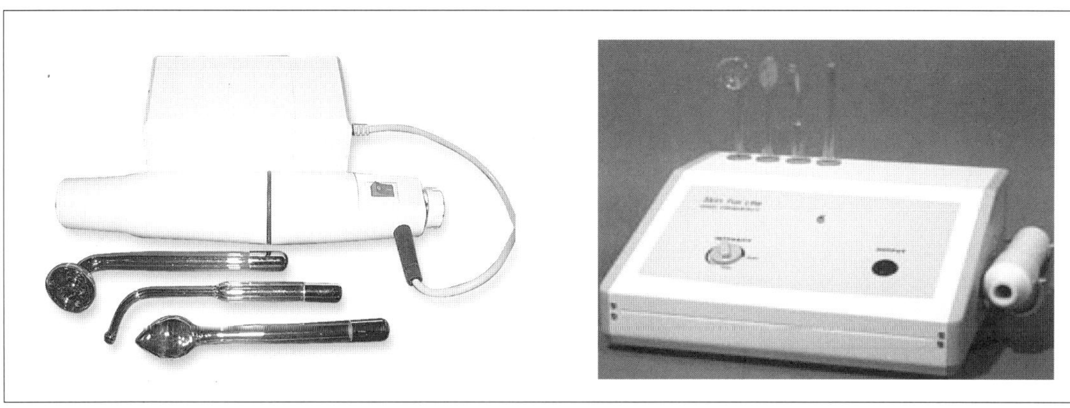

그림 5-7. 고주파 기기

(4) 적용 금지 대상

- 임산부
- 맥박이상, 인공 심장기 부착한 사람
- 전기에 민감한 사람
- 저혈압, 고혈압 환자
- 혈전증, 정맥류, 수술직후, 치아 내 보철을 한 사람

(5) 주의사항

- 사용 전에 고객의 금속성 악세사리를 제거한다.
- 알코올이 함유된 로션, 크림, 화장수의 사용을 금한다.

6) 냉 · 온 마사지기(Ice and heat machine)

냉 · 온 마사지기는 고온법, 저온법 그리고 고온 및 저온 교대법 등 세 가지로 적용할 수 있으며, 고온과 저온의 온도차를 이용하여 피부관리의 효과를 높일 수 있는 기기이다.

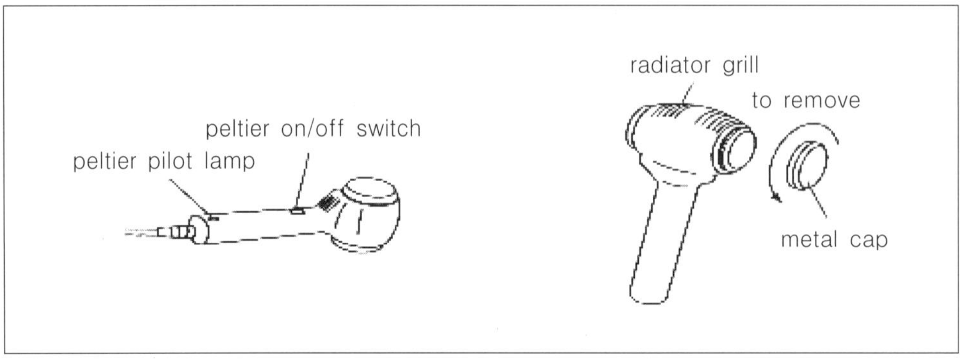

그림 5-8. 냉 · 온 마사지기

(1) 효 과

① 고 온

- 혈액순환 촉진
- 신진대사 촉진
- 제품흡수 촉진

② 고온 및 저온 교대

- 피부근육 및 조직강화
- 피부 탄력강화
- 제품흡수 촉진

③ 저 온

- 모공과 혈관 수축
- 탄력성 증가
- 부종과 홍반 진정
- 피부관리 마무리 단계에 사용

(2) 적용 금지 대상

- 심장 박동기 착용자
- 임산부에는 얼굴 부위만 적용
- 암 수술 환자

(3) 관리 절차

스프레이 용기에 증류수와 화장수 준비(증류수(2) : 화장수(1) 혼합) → 분무기용(스프레이) 줄에 부착 → 아이패드 → 분무(용기를 직각으로 세워 사용)

7) 리프팅기(lifting machine)

리프팅기는 극히 약한 전류로 근육을 자극하여 피부의 탄력을 강화시키는 목적으로 사용한다. 리프팅기의 종류로는 직류전류를 이용한 장갑형 리프팅기, 전극봉을 이용한 기기, 초음파를 이용한 기기들이 있다.

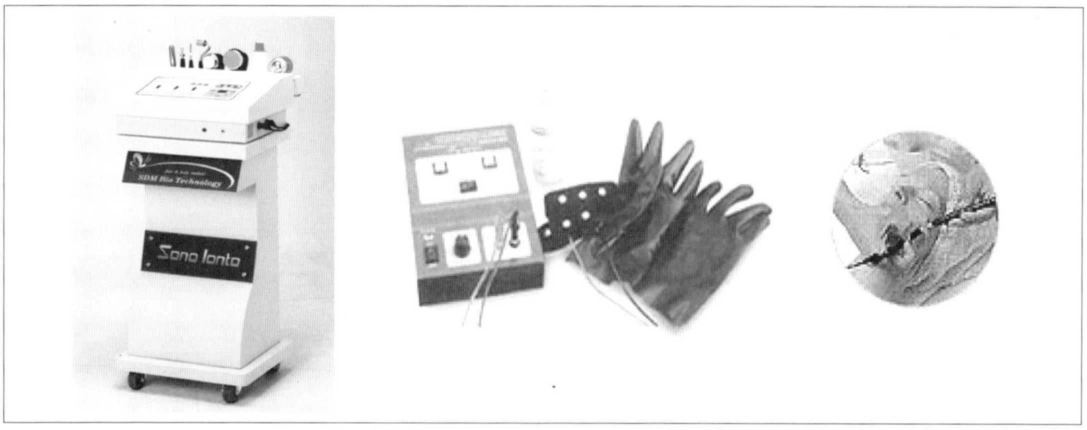

그림 5-9. 리프팅기

(1) 리프팅기의 종류 및 효과

① 장갑형 리프팅기

장갑형 리프팅기는 관리사의 손과 고객의 피부가 각각 전극이 되며, 장갑을 낀 관리사의 손으로 마사지함으로써 혈액순환을 촉진시키고 리프팅 효과를 갖는다.

- 림프와 혈액순환 촉진
- 피부기능 활성화
- 근육 강화
- 피부탄력 강화

② 전극봉 형태의 리프팅기

전극봉 형태의 리프팅기는 양극과 음극 전극봉을 동시에 사용하여 안면 근육을 자극하는 목적으로 적용한다. 기기의 종류는 적용되는 전압, 전류, 파형에 따라 구분되고, 수동이나 자동으로 조절하며 관리하는 기기이다.

③ 초음파 리프팅기

초음파 리프팅기는 초당 28,000회의 초음파 파장이 발생할 때 나타나는 진동현상으로 리프팅 효과를 주는 기기이다. 이러한 진동작용으로 인하여 세정, 딥클렌징, 주름예방 효과를 갖는다. 또한 초미세 전류를 발생하여 얻는 온열효과에 의해 영양물질의 피부 침투를 촉진시키고, 안면근육의 탄력강화 및 긴장감을 부여하는 효과가 있다.

(2) 적용 금지 대상

- 안면 신경통
- 피부 질환이 있는 사람
- 주름 수술 직후
- 임산부
- 실리콘이나 기타 삽입물을 가진 사람
- 치아 보철기를 착용한 사람

8) 스프레이(spray, atomaizer)

스프레이는 진동 펌프의 작용으로 화장수 등을 피부표면에 분사함으로써 피부 청정과 수분 공급, 진정효과를 갖는다. 모든 피부에 사용이 가능하고, 특히 탈수된 피부, 노화피부에 효과적이다.

(1) 효 과

- 보습효과
- 피부 정리정돈 및 정화효과
- 진정효과
- 심리적 편안함 부여

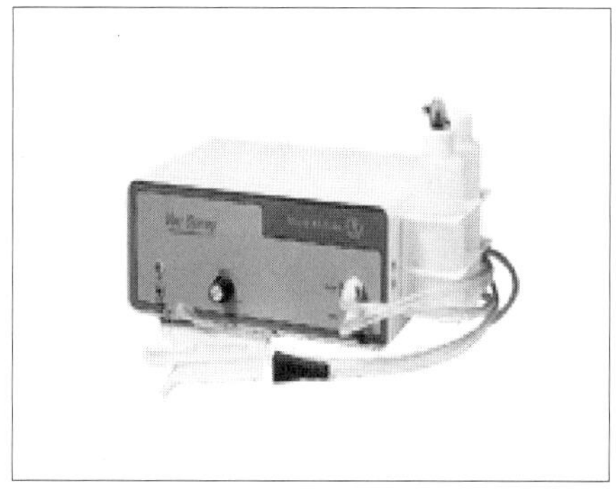

그림 5-10. 스프레이

(2) 주의 사항

- 노즐을 검지로 누른 후 90°를 유지하여 분무한다.
- 증류수와 화장수를 3 : 1의 비율로 희석하여 사용한다.

9) 적외선(infrared rays)

적외선은 800~1000 nm의 적색 불가시광선으로 피부에 온열자극을 주어 혈액순환 촉진, 심신 이완효과를 갖는다.

(1) 효 과

- 온열 효과
- 마스크의 흡수 용이
- 혈액과 림프순환 촉진
- 통증과 긴장 완화

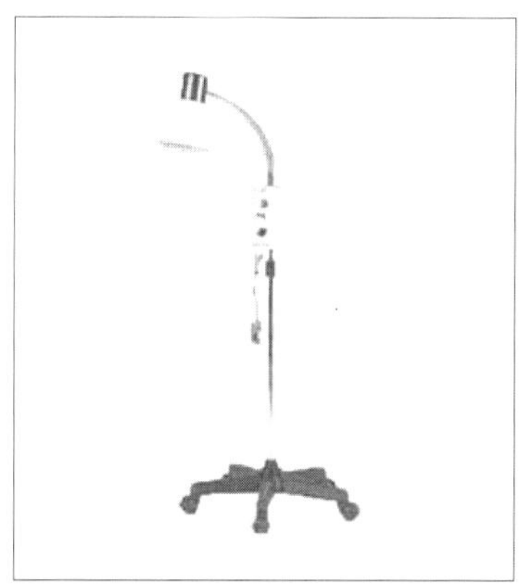

그림 5-11. 적외선기

(2) 조사 방법

- 눈을 보호하기 위해 아이패드를 올린다(60~80cm 떨어진 위치에서 5~7분간 조사).
- 조사 거리와 시간은 고객의 피부상태를 고려해서 적용할 수 있다.

(3) 적용 금지 대상

- 화농성피부
- 열이 많은 사람
- 생리 중
- 모세혈관 확장
- 임산부

3. 기기 사용 시 유의점

- A/S를 고려하여 신뢰도가 높은 제품을 구입한다.
- 기기 상태를 수시 확인, 사용 전 안전상태를 점검한다.
- 정기적인 검진을 통해 기기의 수명을 연장한다.
- 기기의 사용법을 정확하게 숙지한다.
- 피부관리 시 전기기기에 물기가 닿지 않도록 한다.
- 안전한 장소에 기기를 장착한다.
- 기기의 전압을 반드시 확인한다.
- 고객에게 직접 사용하기 전 안전 상태를 점검한다.
- 기기에 먼지가 쌓이지 않도록 커버를 씌우도록 한다.
- 고장난 기기는 작업장에서 치우고 고장, 사용금지라고 기재한다.

제VI장
피부유형의 특징 및 관리

VI장 피부유형의 특징 및 관리

1. 피부유형

1) 피부유형의 분류

일반적으로 피부를 분류하는 인자로는 피부온도, 피지량, 피부표면의 pH, 피부색, 중화능, 피부표면의 형태학적 관찰 등이 있다. 피부유형은 사람에 따라 건성(Dry), 지성(Oily), 정상(Normal)형과 중성 즉 혼합형(Mixed)으로 나눌 수 있다.

최근 피부유형에 관한 연구가 여러 방면에서 진행되고 있으며, 'M. Mochizuka' 등은 피지, 수분, 피부표면의 pH, 피부표면 중화능, 피부형태, 자가 판단 등의 요인에 의해 9가지 피부유형으로 분류하였다. 'Dr. Leslie Baumann'는 건성·지성, 민감·둔감, 색소침착·비 색소침착, 주름·비 주름의 요인에 의해 16가지 피부유형으로 분류하였다. 이와 같이 피부유형을 분류하는 요소는 다양하지만, 피부관리와 화장품의 적용 측면에서는 피부표면의 수분과 유분으로 피부유형을 분류하는 것이 가장 이상적이라고 설명할 수 있다. 피부표면의 유·수분정도에 따라 '중전태존(中田泰尊)'은 5가지 유형으로 분류하였으며, D형은 유·수분 부족, O형은 유·수분과다, OD형은 수분충분 유분부족, DO형은 수분부족 유분과다, N형은 유·수분 이상적인 유형으로 분류하였다. '이승실(伊藤實)'은 피부의 보습능력과 피지량에 의해 피부상태를 Dry skin, Normal skin, Oil skin, 외에 Dry type-Oily skin으로 정의하고 있다. 그 분류의 체계는 그림 6-1과 같다.

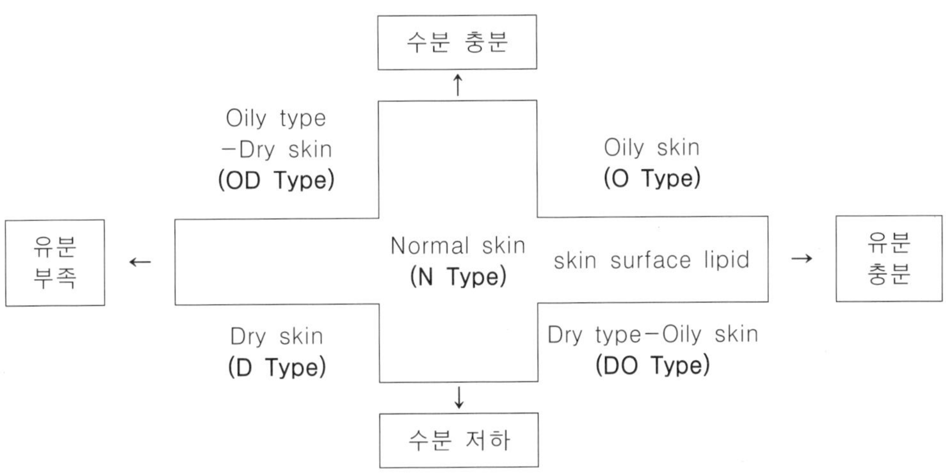

그림 6-1. 유·수분에 따른 피부유형

- 유 · 수분에 따른 피부유형 -

- O (Oily) : 수분과 유분이 과다
- D (Dry) : 수분과 유분의 부족
- DO (Dry Oily) : 수분은 부족, 유분은 이상적
- OD (Oily Dry) : 수분은 이상적, 유분은 부족
- N (Normal) : 유 · 수분이 균형 있는 상태

2) 피부문제의 판정

피부표면의 유·수분 정도에 따라 피부유형이 결정되면, 피부에 나타나는 문제를 관찰하여 최종적으로 피부상태를 파악하는 것이 효과적이다. 예를 들면 여드름이란 문제는 건성, 지성 피부유형에 모두 나타날 수 있다. 따라서 피부문제의 유 · 무 정도, 분포 부위를 관찰하여 고객 카드에 기록한다.

정 도	약 함	보 통	심 함
여드름	· 피지분비 과다 · comedo	· papules, pastules, · comedo	· nodules, cyst · 얼굴전체에 분포
기 미	· 주근깨, 그을림 · 안면 일부에 기미 ☞ 눈밑(관골 윗부분)	· 약간 광범위한 기미 ☞ 관자놀이 부분 : 나비형 · 짙은 갈색의 기미 · 강한 그을림	· 짙은 흑갈색의 기미 · 검붉은 기미(염증) ☞ 안면흑피증 · 부정형으로 안면 전체에 기미, 검버섯 · 가려움, 화끈거림
붉어짐 (홍반)	· 얼굴에 약간 붉은감 · 약간 화끈거림 ☞ 적혈증	· 볼의 붉은감이 광범위 ☞ 모세혈관 확장, 실핏선 · 충혈	· 얼굴전체가 붉은감이 강함 · 눈, 귀도 붉음 · 울혈, 작열감
주 름	잔주름 : 눈가(젊은연령)	잔주름 : 눈가, 입 주위	표정주름, 진성 주름
민감도	일시적, 만성적, 바람, 자외선		

2. 피부유형별 특징 및 관리

1) 정상피부(Normal Skin)

정상피부란 피부조직과 생리기능이 정상적인 상태이다. 즉, 피부의 각질화 과정, 피부 보습과 보윤상태가 이상적이며, 피지와 땀의 분비 등 피부생리 기능이 양호한 상태이다. 그러나 정상피부도 계절, 건강 상태, 외적 환경 등에 의해 피부는 변화될 수 있다. 또한 피부생리 기능이 저하되면, 피부유형이 변화되고 피부문제를 동반하게 된다.

(1) 정상피부 특징

- 피부조직(texture) : 정상(normal)
- 피지분비(sebaceous secretion) : 정상(normal), t-zone (oily)
- 피부결(even grain) : 정상(normal)
- 민감성도(sensitivity) : 둔감(insensitive)

(2) 관리목적

- 청결(cleansing)
- 보습(moisturizing)
- 보호(protection)

(3) 정상피부 관리 프로그램(normal skin treatment program)

Treatment Objects	유 · 수분 발란스 조절	
Skin care step	Treatment	기기활용/비고
Point Make-up remover	부분화장 지우기(전용 클렌저 사용)	화장솜, 면봉
Cleansing	gel, lotion, oil type	해면 스펀지, 티슈
Toning	화장수(toner)	cleansing deep cleansimg massage, pack 후 적용
Skin Analysis	문진, 견진, 촉진, 기기를 이용한 피부 분석	microscopy magnifying lamp wood lamp 유 · 수분 측정기
Deep Cleansing	enzyme, gommage, scrub 등	steamer (5-7분) brush suction (T-zone)
Massage	영양크림 + 에센셜 오일	suction, patter기
Nutrition	보습앰플(콜라겐, 히아루론산, NMF) 필수지방산, 비타민 A · E	galvanic machine (iontophoresis)
Mask & Pack	콜라겐 벨벳마스크, 모이스춰라이징 마스크, 모델링마스크, 크림마스크, 석고마스크	infrared ray
Protection	toner, 세럼, 크림(피부타입별), 자외선 차단제	SPF 30 이내

(4) 참고 사항

- 권장 화장품 : 약산성 클렌저, 보습크림, 자외선 차단제
- 식이요법 : 비타민 A·C 섭취, 단백질·칼슘 섭취(칼로리의 균형, 편식, 기호식 주의)
- 생활습관 : 규칙적 생활, 수면
- 유의점 : 자외선 차단, 계절 고려, 피부상태

Home Care Advice

▷ Day Care

폼 클렌저 → 토너(정상피부용) → 에센스(세럼) → 에멀젼(로션) → 모이스춰크림 → 자외선 차단제 → 메이크업 베이스 → 메이크업

▷ Night Care

포인트메이크업 리무버 → 클렌저(로션) → 폼 클렌저 → 토너(정상피부용)→ 에센스(세럼) → 아이 세럼 · 크림 → 에멀젼(로션) → 나이트 크림(보습)

실습 보고서

다음 실습 보고서의 양식에 따라 관리내용을 작성해 보시오.

실습 주제							
실습 목표				실습자명			
				실습일자			
실습 재료 및 사용 기기							
실습 절차	사용 제품				사용 기기 및 비 품		
	제품명	사용량	시 간	방 법	기기명	시 간	방 법
실습 과정 유의 사항							
결 과	관리 전 피부상태				관리 후 피부상태		

2) 건성피부(Dry Skin)

건성피부는 피부표면의 유·수분 함유량이 부족한 상태이다. 자외선, 대기오염, 외부자극, 수분부족, 식생활, 생체리듬, 의약품, 생활습관 그리고 계절적 요인 등에 의해 건성화될 수 있으며, 표피 수분부족과 진피 수분부족 유형으로 구분할 수 있다.

(1) 건성피부 특징

① 표피 건성피부(superficial dehydrated skin)

- 피부조직(texture) : 얇음(fine)
- 피지분비(sebaceous secretion) : 부족(hypo)
- 수분정도(hydration) : 부족(superficial dehydrated skin)
- 피부결(even grain) : 거침(coarse)
- 민감정도(sensitivity) : 민감(sensitive)
- 피부문제(skin problem) : 가성주름(잔주름), 색소침착

② 진피 건성피부(deep dehydrated skin)

- 피부조직(texture) : 얇음(fine)
- 피지분비(sebaceous secretion) : 부족(hypo)
- 수분정도(hydration) : 부족(deep dehydrated skin)
- 피부결(even grain) : 거침(coarse)
- 민감정도(sensitivity) : 민감(sensitive)
- 피부문제(skin problem) : 탄력 저하, 진성주름(굵은주름), 색소침착

(2) 원인

- 비정상적 각화과정
- 피지선 기능 저하
- 연령
- 계절
- 실내환경(온도, 습도)

- 생활습관
- 식생활습관
- 기호식품(흡연, 음주)
- 잘못된 피부관리 습관 및 화장품 사용

(3) 관리 목적

- 청결(cleansing)
- 보습관리(moisturizing)
- 탄력관리(firming)
- 보호(protection)

(4) 건성피부 관리 프로그램(dry skin treatment program)

Treatment Object	집중적인 보습관리	
Skin Care Step	Treatment	기기활용/비고
Point Make-up Remover	부분화장 지우기(전용 클렌저 사용)	화장솜, 면봉
Cleansing	lotion, oil type	해면스펀지, 티슈
Toning	보습용 toner	
Skin Analysis	문진, 견진, 촉진, 기기를 이용한 피부분석	micro scopy magnifying lamp wood lamp 유·수분 측정기
Deep Cleansing	enzyme, AHA, gommage(반 건조 후 제거)	steamer(enzyme)
Massage	영양크림 + 에센셜 오일	suction, patter기
Nutrition	수분앰플, 콜라겐앰플, 비타민 A, C, E 앰플	galvanic machine (iontophoresis)
Mask & Pack	콜라겐 벨벳마스크, 모이스춰라이징 마스크, 모델링마스크, 크림마스크, 석고마스크	infrared ray
Protection	toner, 세럼, 크림(피부타입별), 자외선 차단제	SPF 30 이내

(5) 참고 사항

- 권장 화장품 : 클렌저 오일, 보습 세럼 및 크림, 자외선 차단제
- 식이요법 : 비타민 A·E 섭취, 단백질 섭취, 충분한 수분 섭취, 견과류 섭취
- 생활습관 : 아로마 입욕 및 족욕 권유, 규칙적 운동, self 지압
- 유의점 : 차가운 바람, 건조한 환경, 자외선 차단, 사우나 유의, 관리 시 온도 유의 peel off type, deep cleansing 제품 선택 주의, alcohol free 제품 사용

Home Care Advice

▷ Day Care

물 세안 → 토너(건성피부용) → 에센스 → 에멀젼(로션) → 데이크림(건성피부용) → 자외선 차단제 → 메이크업 베이스 → 메이크업

▷ Night Care

포인트메이크업 리무버 → 클렌저(로션) → 폼 클렌저 → 토너(건성피부용) → 에센스 → 아이 세럼·크림 → 에멀젼(로션) → 나이트크림(영양)

실습 보고서

다음 실습 보고서의 양식에 따라 관리내용을 작성해 보시오.

실습 주제							
실습 목표				실습자명			
				실습일자			
실습 재료 및 사용기기							
실습 절차	사용 제품				사용 기기 및 비 품		
	제품명	사용량	시 간	방 법	기기명	시 간	방 법
실습 과정 유의 사항							
결 과	관리 전 피부상태				관리 후 피부상태		

3) 지성피부(Oily Skin)

지성피부는 피지선 기능이 항진되어 피지가 과다하게 분비된 상태이다. 피부표면이 번들거리며, 모공이 넓고 각질이 두꺼워 보인다. 또한 생성된 피지가 모공 밖으로 나오지 못하고 모공과 모낭 안에서 잔류하여 피지 배출 장애로 인한 여드름이 발생되기 쉬운 피부유형이다.

(1) 건성 지루피부

건성 지루피부는 피부 표면의 수분은 부족하고 피지가 과다한 피부상태이다. 피지분비는 과다하지만 수분 부족으로 인하여 피부건조 및 당김, 잔주름이 발생될 수 있으며 여드름과 같은 피부문제를 동반하기도 한다.

① 특징

- 피부조직(texture) : 두꺼움(thick)
- 피지분비(sebaceous secretion) : 과다(hyper)
- 수분보유(hydration) : 부족(hypo)
- 피부결(even grain) : 거침(coarse)
- 민감정도(sensitivity) : 민감(sensitive)
- 피부문제(skin problem) : 여드름, 잔주름, 색소침착

② 원인

- 피지분비 과다
- 남성호르몬과 여성호르몬(황체호르몬)
- 생체 내 기능
- 기온
- 피지 분해 효소
- 스트레스
- 식생활습관
- 기호식품(흡연, 음주)
- 잘못된 피부관리 습관 및 화장품 사용

(2) 유성 지루피부

유성 지루피부는 피부표면의 유·수분이 과다한 피부상태이다. 이는 과다한 피지 생성과 피지성분의 화학적 변성에 의해 여드름과 같은 염증을 동반한 피부문제가 발생되기 쉬우며, 자외선에 자극을 받아 색소침착과 피부 민감함이 동반되기도 한다.

① 특징

- 피부조직(texture) : 두꺼움(thick)
- 피지분비(sebaceous secretion) : 과다(hyper)
- 수분보유(hydration) : 과다(hyper)
- 피부결(even grain) : 거침(coarse)
- 민감정도(sensitivity) : 둔감(insensitive), 민감(sensitive)
- 피부문제(skin problem) : 여드름, 주름, 색소침착

② 원인

- 피지분비 과다
- 남성호르몬과 여성호르몬(황체호르몬)
- 생체 내 기능
- 기온
- 피지 분해 효소
- 스트레스
- 식생활습관
- 기호식품(흡연, 음주)

(3) 관리목적

- 청결(cleansing)
- 피지분비 조절(regulating)
- 정화관리(purifying)
- 보호(protection)

(4) 지성피부 관리 프로그램(oily skin treatment program)

Treatment Object	피지조절 및 정화관리	
Skin Care Step	Treatment	기기활용/비고
Point Make-up Remover	부분화장 지우기(전용 클렌저 사용)	화장솜, 면봉
Cleansing	water, gel, lotion, oil type	해면스펀지, 티슈
Toning	oil free 제품	cleansing deep cleansimg massage pack 후 적용
Skin Analysis	문진, 견진, 촉진, 기기를 이용한 피부분석	micro scopy magnifying lamp wood lamp 유·수분 측정기
Deep Cleansing	disincrustation, scrub, gommage, AHA, enzyme 사용	steamer suction brush
Comedo Extract	여드름 짜기	comedo extractor
Massage	lymph drainage, Dr. jacket massage	patter기 냉·온 마사지기 suctiorn기
Nutrition	지성용 앰플 사용	고주파 galvanic machine (iontophoresis)
Mask & Pack	purifying, regulating, moisturizing mask, AHA, 클레이, 해초, 캄포	infrared ray
Protection	toner, 세럼, 크림(피부타입별), 자외선 차단제	SPF 30이내

(5) 참고 사항

- 권장 화장품 : 클렌저(젤, 계면활성제형), antiseptic gel, 자외선 차단제
- 식이요법 : 비타민 $B_2 \cdot B_6$ 섭취, 충분한 수분 섭취, 식이섬유 섭취, 당분·지방 섭취 제한
- 생활습관 : 충분한 수면, 숙변제거, no touch, 고온 · 다습 환경 주의
- 유의점 : oil free, 자외선 주의

Home Care Advice

▷ Day Care

폼 클렌저 → 토너(지성용) → 세럼(에센스) → 에멀젼(로션) 또는 데이크림(지성용) → 자외선 차단제 → 메이크업 베이스 → 메이크업

▷ Night Care

클렌저(지성용) → 폼 클렌저 → 토너(지성용) → 세럼(에센스) → 아이 세럼·크림 → 에멀젼(로션) 또는 수분크림(지성용)

실습 보고서

다음 실습 보고서의 양식에 따라 관리내용을 작성해 보시오.

실습 주제							
실습 목표				실습자명			
				실습일자			
실습 재료 및 사용 기기							
실습 절차	사용 제품				사용 기기 및 비 품		
	제품명	사용량	시 간	방 법	기기명	시 간	방 법
실습 과정 유의 사항							
결 과	관리 전 피부상태				관리 후 피부상태		

4) 복합성피부(Combination Skin)

복합성피부는 피부표면의 유·수분이 불균형을 이루는 상태이다. 즉, 얼굴부위의 T-zone과 U-zone에 따라 유·수분 함유량이 다르거나, 얼굴 전체 부위의 유·수분 함유량이 균형을 이루지 못한 피부유형이다.

(1) 특징

- 피부조직(texture) : 두꺼움(thick)
- 피지분비(sebaceous secretion) : T-zone(hyper) / U-zone(hypo)
- 수분보유(hydration) : 표피건성, T-zone(hyper) / U-zone(hypo)
- 피부결(even grain) : 거침(coarse)
- 민감정도(sensitivity) : 민감(sensitive)
- 피부문제(skin problem) : T-zone(여드름) / U-zone(주름, 홍반, 색소침착)

(2) 원인

- 외적 환경요인
- 피부관리 습관
- 화장품

(3) 관리목적

- 청결(cleansing)
- 피지분비 조절(moisturizing)
- 진정 관리(calming)
- 유·수분의 균형(balance of moisture and lipid)
- 보호(protection)

(4) 복합성피부 관리 프로그램(combination skin treatment program)

Treatment Object	유 · 수분 균형	
Skin Care Step	Treatment	기기활용/비고
Point Make-Up Remover	부분화장 지우기(전용 클렌저 사용)	화장솜, 면봉
Cleansing	water, gel, lotion, oil type	해면스펀지, 티슈
Toning	oil free 제품	cleansing deep cleansimg massage pack 후 적용
Skin Analysis	문진, 견진, 촉진, 기기를 이용한 피부분석	micro scopy magnifying lamp wood lamp 유 · 수분 측정기
Deep Cleansing	T-zone : scrub, gommage U-zone : enzyme	steamer(enzyme) galvanic machine (disincrustation) brush suction
Massage	lymph drainage	suction
Nutrition	T-zone : 정화라인 앰플 사용	고주파 galvanic machine (iontophoresis)
Mask & Pack	T-zone : purifying, regulating U-zone : calming, moisturizing mask	infrared ray
Protection	toner, 세럼, 크림(피부타입별), 자외선 차단제	SPF 30 이내

(5) 참고사항

- 권장 화장품 : 보습세럼, 보습크림
- 식이요법 : 비타민 B군, C, P, Zn, 수분 섭취
- 생활습관 : 기호식 주의, 환경적 요인(계절, 자외선 등), 충분한 수면, 규칙적인 생활
- 유의점 : 계절, T-zone / U-zone(관리단계, 제품량, 제품종류 선택주의)

Home Care Advice

▷ Day Care

폼 클렌저 → 토너(복합성피부용) → 세럼(에센스) → 에멀젼(로션) → 데이크림 → 자외선 차단제 → 메이크업 베이스 → 메이크업

▷ Night Care

클렌저(복합성) → 폼 클렌저 → 토너(복합성) → 세럼(에센스) → 아이 세럼·크림 → 에멀젼(로션) → 나이트크림(복합성)

실습 보고서

다음 실습 보고서의 양식에 따라 관리내용을 작성해 보시오.

<table>
<tr><td>실습 주제</td><td colspan="7"></td></tr>
<tr><td rowspan="2">실습 목표</td><td colspan="4" rowspan="2"></td><td>실습자명</td><td colspan="2"></td></tr>
<tr><td>실습일자</td><td colspan="2"></td></tr>
<tr><td>실습 재료 및
사용 기기</td><td colspan="7"></td></tr>
<tr><td rowspan="2">실습 절차</td><td colspan="4">사용 제품</td><td colspan="3">사용 기기 및 비 품</td></tr>
<tr><td>제품명</td><td>사용량</td><td>시 간</td><td>방 법</td><td>기기명</td><td>시 간</td><td>방 법</td></tr>
<tr><td></td><td colspan="4"></td><td colspan="3"></td></tr>
<tr><td></td><td colspan="4"></td><td colspan="3"></td></tr>
<tr><td></td><td colspan="4"></td><td colspan="3"></td></tr>
<tr><td></td><td colspan="4"></td><td colspan="3"></td></tr>
<tr><td></td><td colspan="4"></td><td colspan="3"></td></tr>
<tr><td></td><td colspan="4"></td><td colspan="3"></td></tr>
<tr><td></td><td colspan="4"></td><td colspan="3"></td></tr>
<tr><td></td><td colspan="4"></td><td colspan="3"></td></tr>
<tr><td>실습 과정
유의 사항</td><td colspan="7"></td></tr>
<tr><td rowspan="2">결 과</td><td colspan="4">관리 전 피부상태</td><td colspan="3">관리 후 피부상태</td></tr>
<tr><td colspan="4"></td><td colspan="3"></td></tr>
</table>

제Ⅶ장
피부문제의 특징 및 관리

Ⅶ장 피부문제의 특징 및 관리

1. 민감성피부(Sensitive Skin)

민감성피부는 피부표면의 방어막이 손상되어 수분 손실량이 높아지고, 피부조직이 얇아지는 과민한 상태이다. 주로 나타나는 증상은 건조, 가려움, 홍반, 모세혈관 확장이 동반된다. 개인의 건강 상태와 외부 자극 물질에 의해 일시적으로 발생되기도 하고, 체질적으로 알레르기(allergy), 여드름(acne)이 있는 경우에 나타나기 쉽다.

1) 피부의 특징

- 피부조직(texture) : 얇음(fine)
- 피지분비(sebaceous secretion) : 부족(hypo)
- 수분보유(hydration) : 부족(hypo)
- 피부결(even grain) : 섬세(tight)
- 민감정도(sensitivity) : 민감(sensitive)
- 피부문제(skin problem) : 홍반, 알레르기, 색소침착, 주름

2) 원인

- 체질적 요인(알레르기)
- 환경적 요인 : 계절, 온도, 습도, 자외선, 물리적 자극
- 외적 요인 : 화장품, 향료, 금속 등
- 내적 요인 : 스트레스, 건강, 수면부족, 음식물

3) 관리 목적

- 청결(cleansing)
- 진정(calming)
- 울혈제거(decongestion)

- 보습(moisturizing)
- 보호(protection)

4) 민감성피부 관리 프로그램(Sensitive Skin Treatment Program)

Treatment Object	울혈제거 및 진정관리	
Skin Care Step	Treatment	기기활용
Point Make-up Remover	부분화장 지우기(전용 클렌저 사용)	화장솜, 면봉
Cleansing	gel, lotion, oil type	해면스펀지, 티슈
Skin Analysis	문진, 견진, 촉진, 기기를 이용한 피부분석	· micro scopy · magnifying lamp · wood lamp · 유·수분 측정기
Deep Cleansing	enzyme를 활용하여 각질제거	· steamer · brush
Nutrition	진정, 보습 앰플	
Massage	영양크림(민감용) + 에션셜 오일	
Mask & Pack	calming + moisturizing	
Protection	toner, 세럼, 크림(민감용), 자외선 차단제	SPF 30 이내

5) 참고사항

- 권장 화장품 : 클렌저(젤, 용제형), 보호크림
- 식이요법 : 비타민 B, C, P, 칼슘, 수분 섭취
- 생활습관 : 기호식 주의, 충분한 수면, 규칙적인 생활
- 유의점 : 물리적 · 화학적 자극 최소화, 저 자극성 제품 사용(사용 전 테스트 실시), 고온 주의(sauna) 등, alcohol free, baby oil 등의 사용주의, 메이크업 브러시 청결, 화장솜(멸균)

실습 보고서

다음 실습 보고서의 양식에 따라 관리내용을 작성해 보시오.

<table>
<tr><td>실습 주제</td><td colspan="7"></td></tr>
<tr><td rowspan="2">실습 목표</td><td colspan="4" rowspan="2"></td><td>실습자명</td><td colspan="2"></td></tr>
<tr><td>실습일자</td><td colspan="2"></td></tr>
<tr><td>실습 재료 및
사용 기기</td><td colspan="7"></td></tr>
<tr><td rowspan="2">실습 절차</td><td colspan="4">사용 제품</td><td colspan="3">사용 기기 및 비 품</td></tr>
<tr><td>제품명</td><td>사용량</td><td>시 간</td><td>방 법</td><td>기기명</td><td>시 간</td><td>방 법</td></tr>
<tr><td></td><td colspan="4"></td><td colspan="3"></td></tr>
<tr><td></td><td colspan="4"></td><td colspan="3"></td></tr>
<tr><td></td><td colspan="4"></td><td colspan="3"></td></tr>
<tr><td></td><td colspan="4"></td><td colspan="3"></td></tr>
<tr><td></td><td colspan="4"></td><td colspan="3"></td></tr>
<tr><td></td><td colspan="4"></td><td colspan="3"></td></tr>
<tr><td></td><td colspan="4"></td><td colspan="3"></td></tr>
<tr><td></td><td colspan="4"></td><td colspan="3"></td></tr>
<tr><td></td><td colspan="4"></td><td colspan="3"></td></tr>
<tr><td>실습 과정
유의 사항</td><td colspan="7"></td></tr>
<tr><td rowspan="2">결 과</td><td colspan="4">관리 전 피부상태</td><td colspan="3">관리 후 피부상태</td></tr>
<tr><td colspan="4"></td><td colspan="3"></td></tr>
</table>

2. 노화피부(Aging Skin)

피부 노화는 나이가 들어감에 따라 피부 구조 및 생리기능이 퇴화되면서 발생되는 자연스런 현상이다. 피부 노화에는 내인성 노화(intrinsic aging, true aging)와 외인성 노화(extrinsic aging, photo aging)로 구분된다. 내인성 노화는 나이가 들어감에 따른 피부건조, 주름, 탄력감소 등이 나타나는 자연(생리적) 노화이며, 외인성 노화는 자외선과 외부 환경에 의해 발생되는 광 노화이다.

본 장에서는 내인성 노화의 특징과 관리 방법에 대해서 제시하였다.

1) 특 징

- 피부조직(texture) : 얇음(fine)
- 피지분비(sebaceous secretion) : 부족(hypo)
- 수분보유(hydration) : 부족(hypo)
- 피부결(even grain) : 거칠(coarse)
- 민감정도(sensitivity) : 민감(sensitive)
- 피부문제(skin problem) : 주름, 색소침착, 탄력저하, 홍반

표 7-1. 피부의 임상적 변화

항 목	변 화
주 름	- 건성화에 따른 주름증가, 탄력감소 - 자외선에 의한 콜라겐과 탄력섬유인 엘라스틴 등이 파괴되어, 자외선에 노출되지 않은 부위에 비해 굵은 주름이 두드러지게 형성.
피부 탄력	- 진피의 탄력성 저하 - 피하지방 조직의 지지력의 저하 - 피부를 지지하는 근육의 힘의 저하
색소침착, 색조변화	- 피부의 색소침착 증가 - 피부색의 명도 저하 - 색상은 붉은 색에서 황색으로 변화
피부표면 형태	- 피구(皮溝)는 균질성이 없어지고 밀도 감소 - 모공 확장 - 피지분비량 저하 - 수분량 저하

표 7-2. 노화피부의 조직학 · 생리적 변화

항 목	변 화
피부 장벽	- 각질 세포층 지질의 양적인 감소 - 각질 세포간지질 이중막 수 감소 - 각질형성세포에 세포분열 저하로 인한 turn-over 기간 증가 - 피부장벽 손상 후 회복 능력 감소
표 피	- 표피 세포의 증식활성 저하 - 표피와 진피 사이의 경계면의 굴곡이 감소, 편평해져 얇아짐 - 멜라닌 세포의 수는 노인에서 감소 - 랑게르한스 세포 감소
표피와 진피의 경계부	- 표피와 진피의 경계부의 굴곡이 편평해 짐
진 피	- 섬유아세포의 증식활성 저하 - 콜라겐과 엘라스틴 등의 합성분해의 대사기능 저하 - 교원섬유 감소, 탄력섬유의 신축성저하 - 비만세포가 감소 - 혈관감소
피 지	- 피지(sebum)분비 감소 - 피부지질 감소
피하지방 조직, 혈류량	- 피하지방 감소로 인한 물리적인 자극의 피부 저항력 저하 - 주름 생성과 처짐 발생 - 콜레스테롤 증가로 황색조 증가 - 혈류량 저하

표 7-3. 내인성 노화와 광노화 피부의 비교

항 목	내인성 노화	광 노화
피부조직(texture)	얇음	두꺼움
주름(wrinkle)	가늘고 얇은 주름	거칠고 깊은 주름
각질형성세포(keratinocyte)	규칙적, 순차적	불규칙적, 비순차적
멜라닌형성세포(melanocyte)	색소 세포 수 감소	멜라닌색소 수 증가
탄력섬유(elastin fiber)	정상 또는 다소 증가	현저히 증가, 변형
교원섬유(collagen fiber)	콜라겐의 감소, 변형	콜라겐의 감소, 변형
섬유아세포(fibroblast)	감소	증가

2) 노화의 과정

- 각질층 수분량 감소
- 표피 세포의 turn over 지연
- 섬유아세포 감소
- 교원섬유(collagen)와 탄력섬유(elastin) 변형 및 감소

3) 노화의 원인

- 연령
- 자외선
- 질병, 식생활, 기호식품
- 스트레스
- 냉 · 난방, 환경오염
- 피부관리 부족

4) 관리 목적

- 청결(cleansing)
- 탄력강화(tonifying)
- 재생(regeneration)
- 보습(moisturizing)
- 보호(protection)

5) 노화피부 관리 프로그램(Aging Skin Treatment Program)

Treatment Object	**보습, 재생, 탄력 강화**	
Skin Care Step	Treatment	기기활용
Point Make-up Remover	부분화장 지우기(전용 클렌저 사용)	화장솜, 면봉
Cleansing	gel, lotion, cream, oil type	해면스펀지, 티슈
Skin Analysis	문진, 견진, 촉진, 기기를 이용한 피부분석	· micro scopy · magnifying lamp · wood lamp · 유 · 수분 측정기
Deep Cleansing	AHA, enzyme, gommage, scrub	· steamer
Nutrition	보습, 탄력 앰풀	· 고주파 · Iontophoresis
Massage	영양크림 + 에센셜 오일	· suction
Mask & Pack	콜라겐 벨벳, 알고, 해초, 석고	
Protection	toner, 세럼, 크림(노화), 자외선 차단제	

6) 참고 사항

- 권장 화장품 : 영양 세럼과 크림, 아이크림, 자외선 차단제
- 식이요법 : 단백질, 비타민, 미네랄, 수분 섭취
- 생활습관 : 기호식 주의, 환경적(계절, 자외선 등) 요인 주의, 충분한 수면, 규칙적인 생활
- 권장사항 : 규칙적 피부관리(마사지) 필요, 목·손 관리, 안면근육 운동, 노폐물 배출(족욕, 반신욕)

실습 보고서

다음 실습 보고서의 양식에 따라 관리내용을 작성해 보시오.

<table>
<tr><td>실습 주제</td><td colspan="7"></td></tr>
<tr><td rowspan="2">실습 목표</td><td colspan="3" rowspan="2"></td><td>실습자명</td><td colspan="3"></td></tr>
<tr><td>실습일자</td><td colspan="3"></td></tr>
<tr><td>실습 재료 및
사용 기기</td><td colspan="7"></td></tr>
<tr><td rowspan="2">실습 절차</td><td colspan="4">사용 제품</td><td colspan="3">사용 기기 및 비 품</td></tr>
<tr><td>제품명</td><td>사용량</td><td>시 간</td><td>방 법</td><td>기기명</td><td>시 간</td><td>방 법</td></tr>
<tr><td></td><td colspan="4"></td><td colspan="3"></td></tr>
<tr><td></td><td colspan="4"></td><td colspan="3"></td></tr>
<tr><td></td><td colspan="4"></td><td colspan="3"></td></tr>
<tr><td></td><td colspan="4"></td><td colspan="3"></td></tr>
<tr><td></td><td colspan="4"></td><td colspan="3"></td></tr>
<tr><td></td><td colspan="4"></td><td colspan="3"></td></tr>
<tr><td></td><td colspan="4"></td><td colspan="3"></td></tr>
<tr><td></td><td colspan="4"></td><td colspan="3"></td></tr>
<tr><td></td><td colspan="4"></td><td colspan="3"></td></tr>
<tr><td>실습 과정
유의 사항</td><td colspan="7"></td></tr>
<tr><td rowspan="2">결 과</td><td colspan="4">관리 전 피부상태</td><td colspan="3">관리 후 피부상태</td></tr>
<tr><td colspan="4"></td><td colspan="3"></td></tr>
</table>

3. 여드름(Acne)

여드름(acne)은 모피지 단위(毛皮脂 單位)의 염증 질환으로 심상성 좌창(深傷性 痤瘡)이라고 한다. 여드름은 피지선의 분포가 많은 얼굴 부위에 주로 발생되며, 목, 가슴, 어깨 등에도 나타난다. 주로 사춘기에 발생되어 20대 이후에 소실되지만, 40대 이후까지 발생되기 때문에 사춘기 여드름과 성인기 여드름으로 구분하고 있다.

1) 발생 원인

- 피지과다
- 호르몬
- 모낭내 과각화와 모공 폐쇄
- propionibacterium acne (p. acne 균)
- 피지 구성 성분의 변화

2) 악화 요인

- 유전
- 스트레스
- 계절
- 자외선
- 불규칙한 생활
- 수면부족
- 임신
- 생리주기
- 화장품
- 약물, 피임약

3) 여드름의 분류

여드름은 비염증성과 염증성으로 분류되며, 그 종류는 다음과 같다.

- 비염증성 여드름(non-inflamed acne) : 미세면포(micro-comedones), 백색면포(white head), 흑색면포(black head)
- 염증성 여드름(inflamed acne) : 구진(papule), 농포(pustule), 결절(nodule), 낭포(cyst)

4) 여드름의 형태 분류

(1) 화이트 헤드(white head & closed comedo)

- 닫힌 면포(폐쇄 면포, closed comedo), 백색 면포, 흰 여드름이라고 함
- 모낭에 피지와 탈락된 각질이 쌓여 모공이 막혀 형성됨
- 미세 면포가 커지면서 발생되며, 흰 색의 피지 덩어리가 형성됨
- 발열이나 염증은 동반되지 않으나 염증성 여드름으로 발전될 수 있음

(2) 블랙 헤드(black head & open comedo)

- 열린 면포(개방 면포, open comedo), 흑색 면포, 검은 여드름이라고 함
- 모공내의 피지와 탈락된 각질이 배출되면서 공기 중의 산소와 자외선에 의해 산화되어 검게 형성됨
- 닫힌 면포가 피부표면으로 돌출되면서 형성됨
- 발열이나 염증은 동반되지 않으며, 염증성 여드름으로 발전되지 않음
- 주로 T-zone에서 발생됨

(3) 구진(papule & pimple)

- 피부표면에 붉게 나타나기 때문에 붉은 여드름이라고 함
- white head에서 박테리아 등에 의해 염증이 발생된 상태
- 염증의 초기 단계로 발열과 동통이 있음

(4) 농포(pustule)

- 피부표면에 노랗게 나타나기 때문에 노란 여드름이라고 함
- 구진에서 2~3일이 경과되어 고름(pus)이 발생함
- 발열과 통증이 없음

(5) **결절(nodule)**

- 염증이 악화되어 모낭벽이 파열된 상태
- 피부표면이 경결화되고, 붉게 부어 오른 상태
- 홍반과 동통이 있음
- 흉터가 유발될 수 있음

(6) **낭종(cyst)**

- 심한 화농성 여드름으로 낭포성 여드름이라고 함
- 결절이 더욱 악화되어 농과 출혈성 가피가 형성됨
- 염증 부위가 크며, 홍반과 동통을 동반한 과민한 상태
- 반흔(흉터; scar)이 유발됨

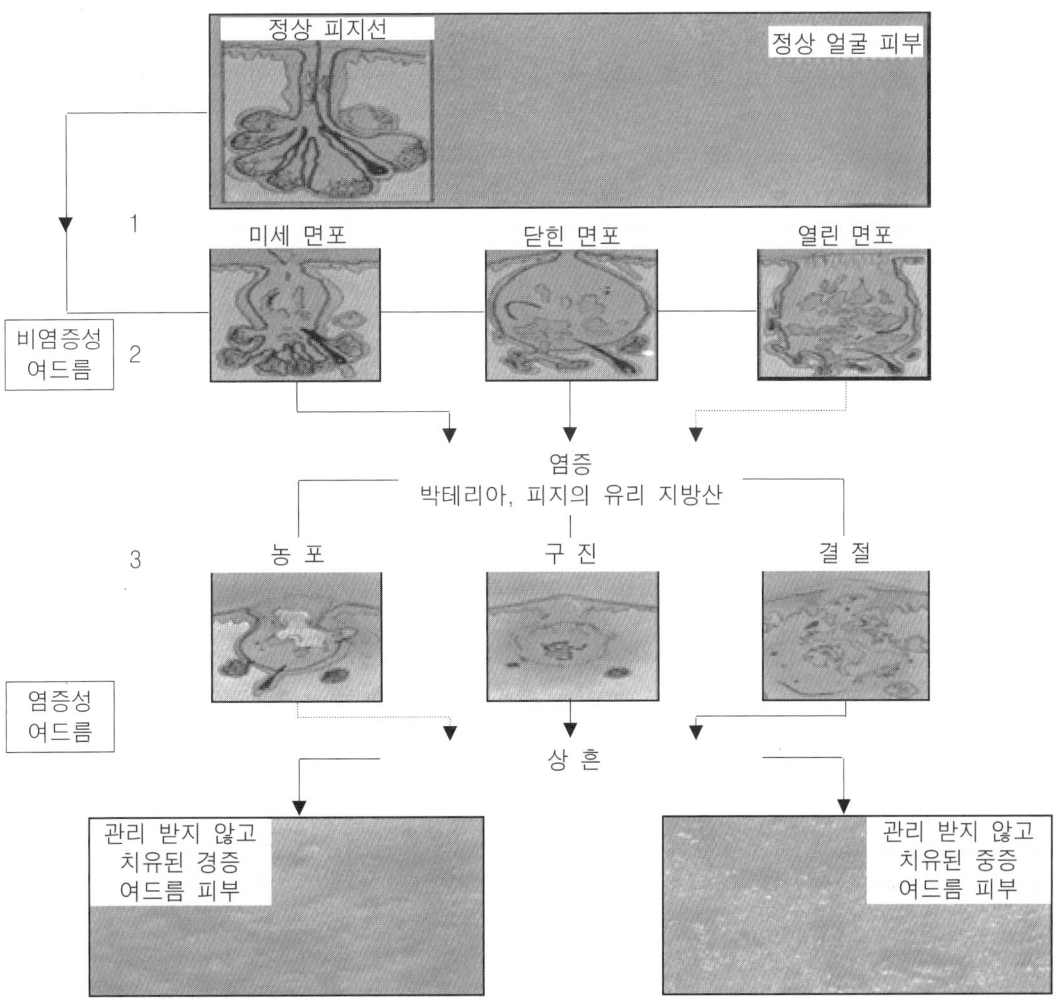

그림 7-1. 여드름 형성 단계

5) 여드름 등급

(1) 여드름 4등급

구 분	등급 분류
Grade Ⅰ	white head, black head
Grade Ⅱ	white head, black head
Grade Ⅲ	white head, black head, papule, pustule
Grade Ⅳ	white head, black head, papule, pustule, nodule, cyst

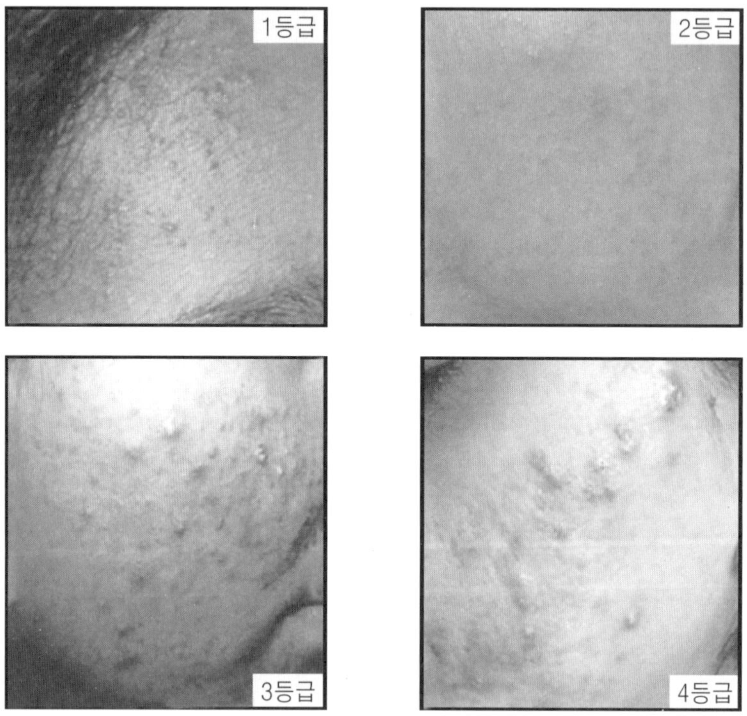

그림 7-2. 여드름 등급

(2) 한국형 여드름 6등급

구 분	등급 분류
Grade Ⅰ	지름 5 mm의 구진이 10개 이하
Grade Ⅱ	11~30개의 구진
Grade Ⅲ	구진 31개 이상, 지름 5 mm 이상인 결절이 10개 이하
Grade Ⅳ	결절 11~20개, 가벼운 진행성 반흔(흉터)이 있는 상태
Grade Ⅴ	결절 21~30개, 중등도의 진행성 반흔이 있는 상태
Grade Ⅵ	결절 31개 이상, 심한 진행성 반흔이 있는 상태

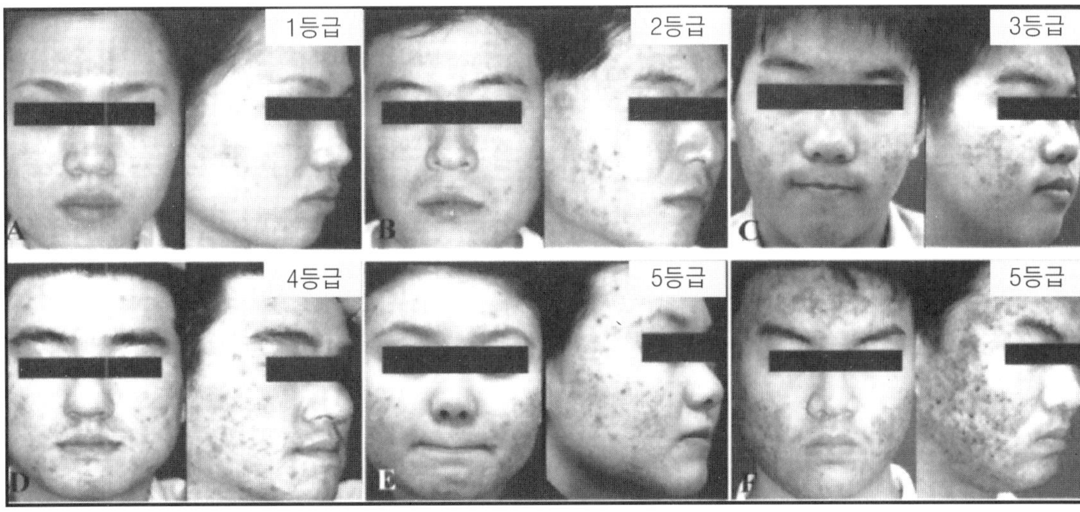

그림 7-3. 한국인의 여드름 6등급

- 출처 : 성경제 외. 한국형 여드름 중등도 시스템. 대한피부과학회지, 42(10), 2004 -

6) 피부의 특징

- 피부조직(texture) : 두꺼움(thick)
- 피지분비(sebaceous secretion) : 과다(hyper)
- 수분정도(hydration) : 부족(hypo)
- 피부결(even grain) : 거침(coarse)
- 민감정도(sensitivity) : 민감(sensitive)
- 피부문제(skin problem) : 여드름, 알레르기, 색소침착

7) 관리 목적

- 청결(cleansing)
- 피지 제거/조절(regulating)
- 진정(calming)
- 보습(moisturizing)
- 재생(regeneration)
- 보호(protection)

8) 여드름 관리 프로그램(Acne Treatment Program)

Treatment Object	여드름 추출 및 진정관리(모공수축)	
Skin Care Step	Treatment	기기활용
Point Make-up Remover	부분화장 지우기(전용 클렌징제 사용)	화장솜, 면봉
Cleansing	gel, lotion foam	해면스펀지, 티슈
Skin Analysis	문진, 견진, 촉진, 기기를 사용한 피부분석	· micro scopy · magnifying lamp · wood lamp · 유·수분 측정기
Deep Cleansing	AHA, enzyme, BHA	· steamer, · galvanic machine (disincrustaion)
Acne Extraction	염증성, 비염증성으로 구분	· 니들 · 알콜 · 화장솜 · 고주파
Nutrition	anti-septic, regulating	
Massage	lymph drainage, Dr. jacket massage	
Mask & Pack	calming, purifying, antiseptic, regulating	
Protection	toner, 세럼, 여드름전용 크림, 자외선 차단제	SPF 30 이내

9) 참고사항

- 권장 화장품 : 약산성 클렌저, 보습크림, anti-septic, 자외선 차단제
- 식이요법 : 비타민 B군 섭취, Zn 섭취, 수분 섭취
- 생활습관 : 기호식 주의, 충분한 수면, 규칙적인 생활
- 유의점 : no touch, 물리 · 화학적 자극 최소화, 고온 주의, alcohol free 제품, Oil free 제품, 사용 제품 및 비품의 청결, 자외선

실습 보고서

다음 실습 보고서의 양식에 따라 관리내용을 작성해 보시오.

<table>
<tr><td>실습 주제</td><td colspan="7"></td></tr>
<tr><td rowspan="2">실습 목표</td><td colspan="3" rowspan="2"></td><td>실습자명</td><td colspan="3"></td></tr>
<tr><td>실습일자</td><td colspan="3"></td></tr>
<tr><td>실습 재료 및
사용 기기</td><td colspan="7"></td></tr>
<tr><td rowspan="2">실습 절차</td><td colspan="4">사용 제품</td><td colspan="3">사용 기기 및 비 품</td></tr>
<tr><td>제품명</td><td>사용량</td><td>시 간</td><td>방 법</td><td>기기명</td><td>시 간</td><td>방 법</td></tr>
<tr><td></td><td colspan="4"></td><td colspan="3"></td></tr>
<tr><td></td><td colspan="4"></td><td colspan="3"></td></tr>
<tr><td></td><td colspan="4"></td><td colspan="3"></td></tr>
<tr><td></td><td colspan="4"></td><td colspan="3"></td></tr>
<tr><td></td><td colspan="4"></td><td colspan="3"></td></tr>
<tr><td></td><td colspan="4"></td><td colspan="3"></td></tr>
<tr><td></td><td colspan="4"></td><td colspan="3"></td></tr>
<tr><td></td><td colspan="4"></td><td colspan="3"></td></tr>
<tr><td></td><td colspan="4"></td><td colspan="3"></td></tr>
<tr><td>실습 과정
유의 사항</td><td colspan="7"></td></tr>
<tr><td rowspan="2">결 과</td><td colspan="4">관리 전 피부상태</td><td colspan="3">관리 후 피부상태</td></tr>
<tr><td colspan="4"></td><td colspan="3"></td></tr>
</table>

4. 색소침착(Pigmentation)

색소침착은 피부표면이나 진피층에 색소가 침착되어 나타나는 현상으로 기미, 주근깨, 모반 등의 종류가 있다. 피부 색을 결정하는 요소 중 가장 중요한 멜라닌(melanin)은 피부를 자외선으로부터 보호하는 역할을 하지만, 여러 가지 요인에 의해 색소침착을 유발하기도 한다. 특히, 기미는 여성들의 얼굴에 흔히 나타나는 색소침착으로 자외선 노출이 심한 볼, 이마, 눈가, 윗 입술 등에 발생하며, 좌 · 우 대칭으로 나타나게 된다.

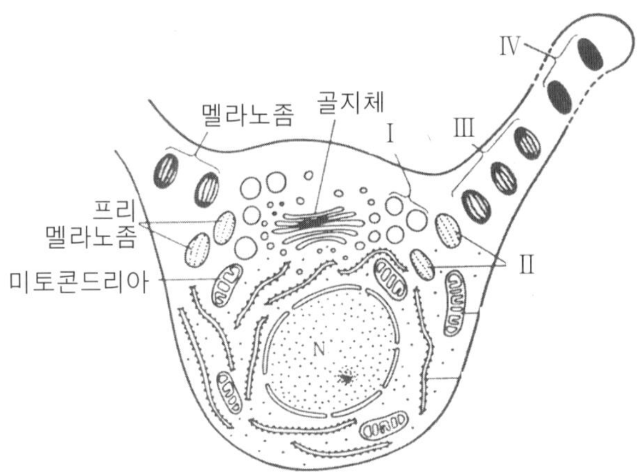

▶ I : 멜라노좀은 구상 막 과립 상태
▶ II : 풋볼형태, 종 방향의 층상 구조물 출현
▶ III : 멜라닌 축적, 층상 구조가 부분적으로 불명확한 상태
▶ IV: 멜라닌 숙성, 층상 구조가 없음

그림 7-4. 멜라닌 세포내에서의 멜라닌 생성

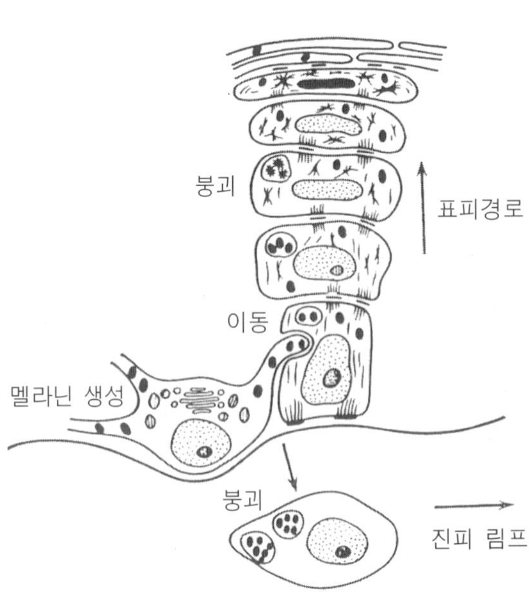

그림 7-5. 멜라닌의 이동과정

1) 기미(Chloasma, Melasma)

- 가임 여성에서 흔히 발생
- 갈색의 불규칙한 경계선을 가지고 있는 색소성 질환
- 관자놀이, 광대뼈, 턱 부위에 분포
- 자각증상 없음

(1) 기미의 발생원인

- 자외선 노출
- 유전적 요인
- 생리 및 임신
- 경구용 피임약
- 스트레스
- 기호식품
- 피부질환 및 염증 후 색소침착
- 화장품(광과민성 제품)

(2) 기미의 형태

- 표피형
- 진피형
- 복합형

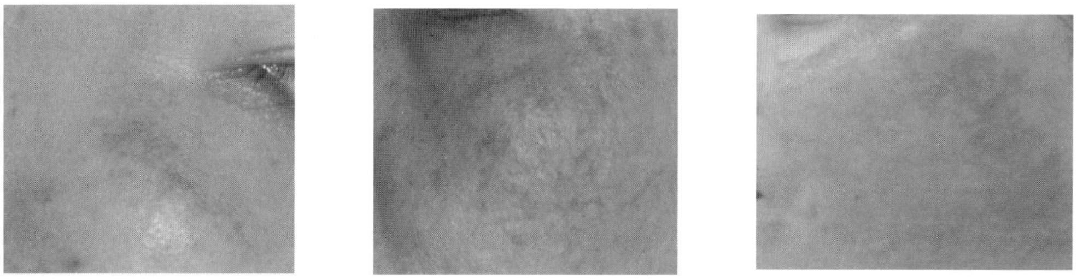

표피형 기미　　진피형 기미　　복합형 기미

그림 7-6. 기미의 형태

- 분포 형태에 따른 유형 -

- central facial형 : 뺨, 이마, 상순, 코, 턱 부위에 분포되어 있는 유형
- malar형 : 주로 뺨, 광대뼈 부위에 분포되어 있는 유형
- mandibular : 안면의 가장 자리인 턱뼈 부위에 분포되어 있는 유형

2) 주근깨

- 1~3 ㎜ 정도 크기의 갈색 반점, 경계가 뚜렷함
- 유전적인 요인으로 소아기에 발견되나 사춘기 전후에 주로 나타남
- 자각 증상 없음
- 계절에 영향을 받음(여름 > 가을, 겨울)

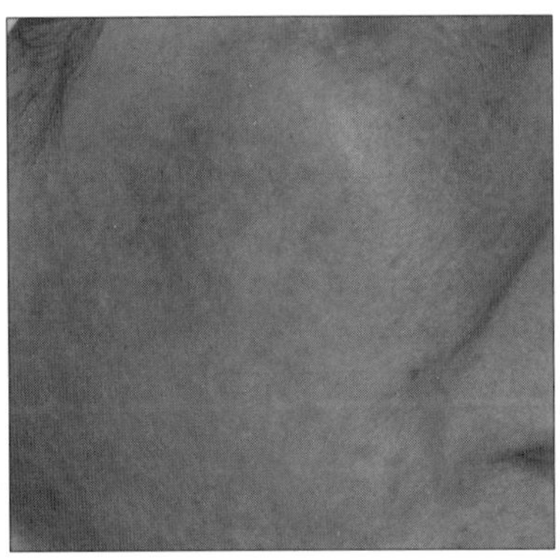

그림 7-7. 기미

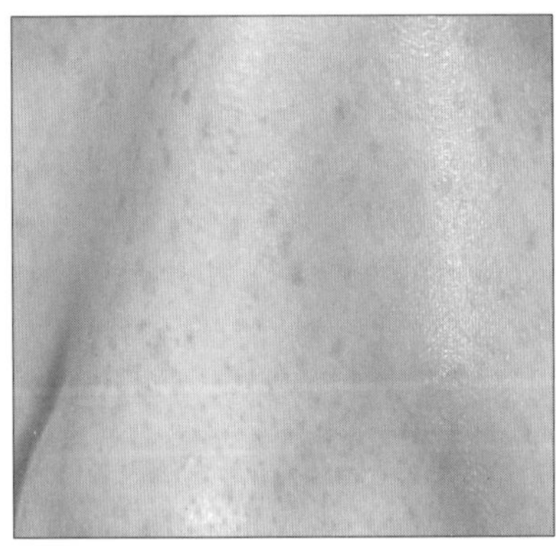

그림 7-8. 주근깨

3) 관리 목적

- 청결(cleansing)
- 미백(whitening)
- 진정(calming)
- 보습(moisturizing)
- 재생(regeneration)
- 보호(protection)

4) 기미 관리 프로그램(Pigmentation Treatment program)

Treatment Object	각질제거, 보습, 미백관리	
Skin Care Step	Treatment	기기활용
Point Make-up Remover	· 부분 화장 지우기(전용 클렌징제 사용)	화장솜, 면봉
Cleansing	gel, lotion, oil type	해면스펀지, 티슈
Toning	toner를 화장수에 적셔 사용 (흡수 목적일 경우 두드려 사용)	
Skin Analysis	문진, 견진, 촉진, 기기를 이용한 피부 분석	· micro scopy · wood lamp · magnifying lamp · 유·수분 측정기
Deep Cleansing	scrub, enzyme, AHA,	· steamer(enzyme)
Nutrition	보습앰플, 콜라겐앰플, 비타민C앰플 사용	· 고주파 · galvanic machine (iontophoresis)
Massage	lymph drainage	suction
Mask & Pack	민감피부용 마스크, 재생, 콜라겐 벨벳 마스크, 미백 마스크	
Protection	toner, 세럼, 크림(미백용) 자외선 차단제	SPF 30 이내

5) 참고 사항

- 권장 화장품 : 세럼(Vit C), 보습크림, 자외선 차단제
- 식이요법 : Vit C · E 섭취, 충분한 수분
- 생활습관 : 기호식(흡연)주의, 충분한 수면, 스트레스 주의, 경구용 피임약 주의
- 유의점 : 철저한 자외선 차단, 피부 자극 최소화(화장품, 물리적 자극), 열 주의

실습 보고서

다음 실습 보고서의 양식에 따라 관리내용을 작성해 보시오.

<table>
<tr><td>실습 주제</td><td colspan="7"></td></tr>
<tr><td rowspan="2">실습 목표</td><td colspan="3" rowspan="2"></td><td>실습자명</td><td colspan="3"></td></tr>
<tr><td>실습일자</td><td colspan="3"></td></tr>
<tr><td>실습 재료 및
사용 기기</td><td colspan="7"></td></tr>
<tr><td rowspan="2">실습 절차</td><td colspan="4">사용 제품</td><td colspan="3">사용 기기 및 비 품</td></tr>
<tr><td>제품명</td><td>사용량</td><td>시 간</td><td>방 법</td><td>기기명</td><td>시 간</td><td>방 법</td></tr>
<tr><td></td><td colspan="4"></td><td colspan="3"></td></tr>
<tr><td></td><td colspan="4"></td><td colspan="3"></td></tr>
<tr><td></td><td colspan="4"></td><td colspan="3"></td></tr>
<tr><td></td><td colspan="4"></td><td colspan="3"></td></tr>
<tr><td></td><td colspan="4"></td><td colspan="3"></td></tr>
<tr><td></td><td colspan="4"></td><td colspan="3"></td></tr>
<tr><td></td><td colspan="4"></td><td colspan="3"></td></tr>
<tr><td></td><td colspan="4"></td><td colspan="3"></td></tr>
<tr><td></td><td colspan="4"></td><td colspan="3"></td></tr>
<tr><td>실습 과정
유의 사항</td><td colspan="7"></td></tr>
<tr><td rowspan="2">결 과</td><td colspan="4">관리 전 피부상태</td><td colspan="3">관리 후 피부상태</td></tr>
<tr><td colspan="4"></td><td colspan="3"></td></tr>
</table>

제Ⅷ장
부분 관리

Ⅷ장 부분 관리

1. 눈과 입술 관리(Eye & Lip Care)

1) 특징

눈과 입술 부위는 얼굴 중에서 가장 민감하며, 조직이 얇고 섬세하기 때문에 피부관리 시 특별한 주의가 필요하다. 20대 초반에는 잔주름이 30대 전후에는 진성 주름으로 변화될 수 있다.

주름은 연령 및 생활환경의 변화에 의해 피부 생리기능이 저하되어 나타나는 현상으로, 잔주름은 표피 기능 저하로 피부표면의 수분이 부족하게 되어 발생되지만, 진성주름은 표피와 진피 경계부의 구조 변화, 콜라겐, 엘라스틴의 변성 및 감소에 의해 발생된다.

입술 부위는 주로 착색, 건조, 주름이 문제가 된다. 따라서 관리에 가장 중요한 점은 보습과 주름관리이며, 반드시 전용 화장품을 사용해야 한다.

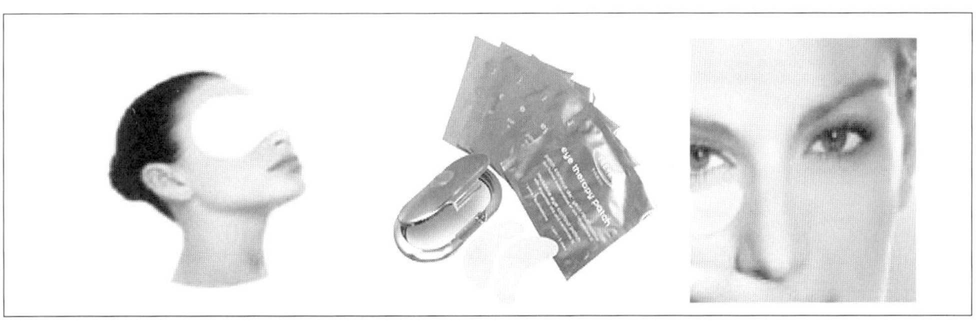

그림 8-1. 아이패치

2) 원인

- 피부 생리기능 저하
- 자외선 노출
- 잘못된 피부관리 및 생활습관, 식습관
- 건조한 환경

3) 관리 목적

- 부종 완화(relief of edema)
- 보습(moisturizing)
- 탄력(firming)
- 보호(protection)

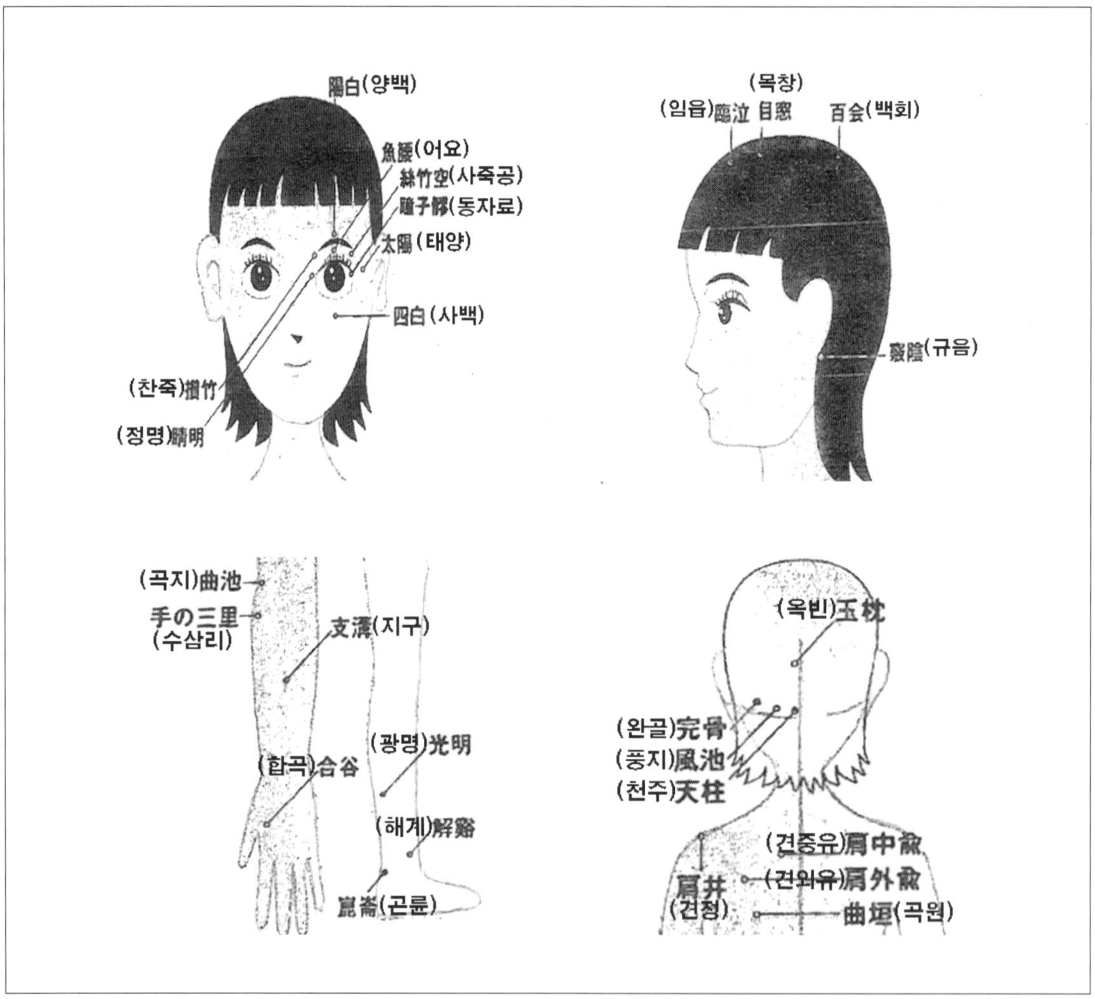

그림 8-2. 눈과 관련된 경혈점

4) 눈과 입술관리 프로그램(eye & lip care program)

Treatment Object	보습 · 탄력관리	
Skin Care Step	treatment	기기활용/비고
Point Make-up Remover	부분 화장 지우기(전용 클렌징제 사용)	화장솜, 면봉
Toning	화장수(민감용)	
경혈 자극 마사지	눈 주위 경혈 자극하기 "정명, 승읍, 사죽공, 동자료, 찬죽, 어요, 태양"	
Nutrition	앰플 침투(보습앰플, 콜라겐, 엘라스틴 앰플) eye / lip cream	· iontophoresis · lifting machine
Mask & Pack	콜라겐 아이 팩, 젤라틴, 리프팅 마스크	
Protection	눈 · 입술 전용 세럼 / 크림	
관리 시 주의사항	- 눈과 입에 이물질이 들어가는 것에 주의 - 눈 주위 경혈 자극 시 너무 강한 압은 피할 것.	

실습 보고서

다음 실습 보고서의 양식에 따라 관리내용을 작성해 보시오.

실습 주제							
실습 목표			실습자명				
			실습일자				
실습 재료 및 사용 기기							
실습 절차	사용 제품				사용 기기 및 비 품		
	제품명	사용량	시 간	방 법	기기명	시 간	방 법
실습 과정 유의 사항							
결 과	관리 전 피부상태				관리 후 피부상태		

2. 목 관리(Neck Care)

1) 특징

목은 다른 신체 부위에 비해 가장 소홀하게 관리되는 부위이므로 얼굴 손질을 할 때 목 관리를 하는 것이 효과적이다. 목 근육의 처짐을 방지하기 위해서는 바른 자세를 취하고, 틈틈이 스트레칭 등의 목운동과 마사지를 병행함으로써 목 근육의 경직을 완화시킬 수 있다.

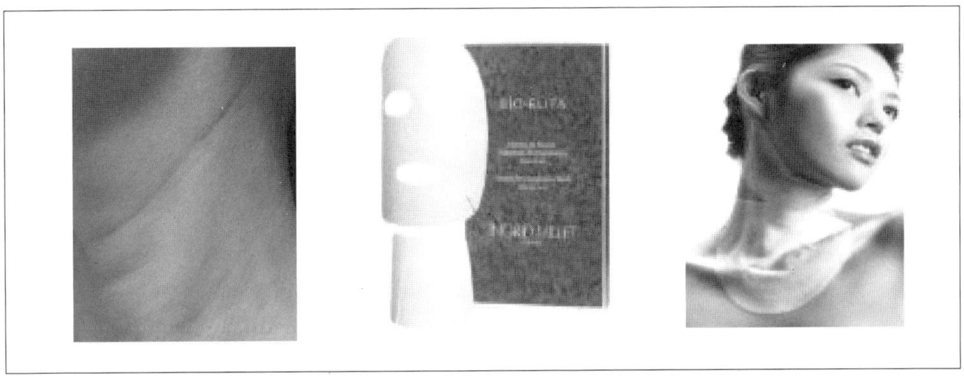

그림 8-2. 목 마스크

2) 원인

- 피부 생리기능 저하
- 스트레스
- 잘못된 피부관리 및 생활습관, 식습관
- 수면 자세

3) 관리 목적

- 순환(circulation)
- 림프드레니쥐(lymph drainage)
- 보습(moisturizing)
- 탄력(firming)
- 보호(protection)

4) 목 관리 프로그램(neck care program)

Treatment Object	순환 · 탄력관리	
Skin Care Step	Treatment	기기활용/비고
Cleansing	lotion(얼굴, 목, 앞가슴까지 클렌징)	
Toning	화장수(보습용)	
Deep Cleansing	AHA, enzyme, scrub	· steamer · brush
Massage	목 전용 크림 + 에센셜 오일	· iontophoresis · lifting machine
Nutrition	앰플(콜라겐, 엘라스틴 앰플)	
Mask & Pack	콜라겐 벨벳, 젤라틴, 파라핀 왁스	
Protection	세럼 + 목 전용 크림	
관리 시 주의사항	- 기도를 압박하지 않도록 주의 - 림프 방향에 따라 수기 동작 적용	

실습 보고서

다음 실습 보고서의 양식에 따라 관리내용을 작성해 보시오.

실습 주제							
실습 목표				실습자명			
				실습일자			
실습 재료 및 사용 기기							
실습 절차	사용 제품				사용 기기 및 비 품		
	제품명	사용량	시 간	방 법	기기명	시 간	방 법
실습 과정 유의 사항							
결 과	관리 전 피부상태				관리 후 피부상태		

3. 손과 발 관리(Hand & Foot Care)

1) 특징

손과 발은 인체의 축소판으로 인체의 모든 기관과 연결되어 있으며, 건강과 밀접한 관계가 있다. 발의 기능은 체중을 고루 받쳐주어 걸을 때의 충격을 흡수하여 주고, 엄지발가락은 체중을 다른 쪽 발로 옮겨주는 지렛대 역할을 하며, 발의 뒤축은 신체를 지탱해 준다. 또한 근육, 신경, 혈관이 많이 분포되어 있기 때문에 피부관리 시 중요한 부위이다.

손과 발은 주로 부종과 유 · 수분 부족으로 인하여 피부 건조현상이 나타나며, 과각질화가 동반된다. 따라서 손과 발은 각질제거, 보습을 목적으로 관리가 이루어진다.

- 건강한 손과 발 -

- 손 · 발이 따뜻해야 한다.
- 손 · 발 모양이 일그러짐 없이 균형 잡힌 모양이어야 한다.
- 손과 발바닥이 분홍색을 띄어야 한다.

2) 원인

- 잦은 물일과 세제의 접촉
- 손 · 발 관리 소홀
- 자외선 노출

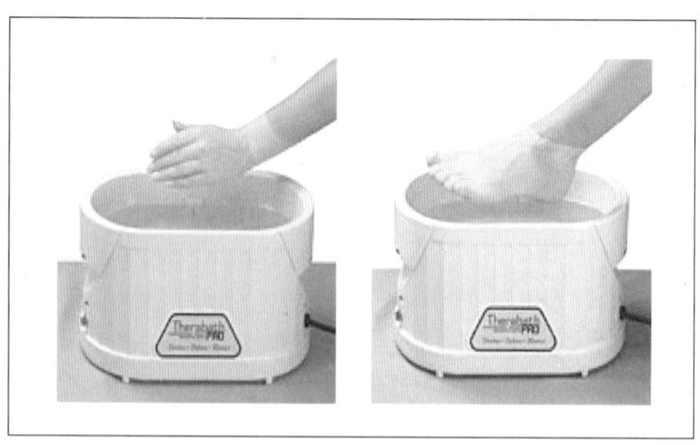

그림 8-3. 손 · 발 마스크

3) 관리 목적

- 순환(circulation)
- 각질제거(deep cleansing)
- 보습(moisturizing)
- 보호(protection)

4) 손과 발 관리 프로그램(hand · foot care program)

Treatment Object	각질 제거 및 유 · 수분공급	
Skin Care Step	Treatment	기기활용/비고
Cleansing	족욕 및 세정	
Deep Cleansing	scrub, AHA제를 활용하여 각질제거	
Toning	손 · 발 전용 화장수	
Massage	손 · 발 크림 도포 + 에센셜 오일 (정맥 마사지, 발 반사구 자극)	
Nutrition	앰플 + 손 전용 크림 도포	infrared rays
Mask & Pack	파라핀 왁스를 10~20분 실시한 후, 비닐 보호막과 보온용 장갑을 씌운다. ※ patch test	· 파라핀 온열기구 · 비닐장갑 · 보온장갑 · 적외선
Protection	손 · 발 크림 도포	
관리 시 주의사항	- 손과 발의 부종이 있을 시에는 강한 압의 마사지는 피함 - 고형 파라핀 왁스 : 파라핀 워머기에 용해해서 사용 ※ patch test	

실습 보고서

다음 실습 보고서의 양식에 따라 관리내용을 작성해 보시오.

<table>
<tr><td>실습 주제</td><td colspan="7"></td></tr>
<tr><td rowspan="2">실습 목표</td><td colspan="3" rowspan="2"></td><td>실습자명</td><td colspan="3"></td></tr>
<tr><td>실습일자</td><td colspan="3"></td></tr>
<tr><td>실습 재료 및
사용 기기</td><td colspan="7"></td></tr>
<tr><td rowspan="2">실습 절차</td><td colspan="4">사용 제품</td><td colspan="3">사용 기기 및 비 품</td></tr>
<tr><td>제품명</td><td>사용량</td><td>시 간</td><td>방 법</td><td>기기명</td><td>시 간</td><td>방 법</td></tr>
<tr><td></td><td colspan="4"></td><td colspan="3"></td></tr>
<tr><td></td><td colspan="4"></td><td colspan="3"></td></tr>
<tr><td></td><td colspan="4"></td><td colspan="3"></td></tr>
<tr><td></td><td colspan="4"></td><td colspan="3"></td></tr>
<tr><td></td><td colspan="4"></td><td colspan="3"></td></tr>
<tr><td></td><td colspan="4"></td><td colspan="3"></td></tr>
<tr><td></td><td colspan="4"></td><td colspan="3"></td></tr>
<tr><td></td><td colspan="4"></td><td colspan="3"></td></tr>
<tr><td></td><td colspan="4"></td><td colspan="3"></td></tr>
<tr><td>실습 과정
유의 사항</td><td colspan="7"></td></tr>
<tr><td rowspan="2">결 과</td><td colspan="4">관리 전 피부상태</td><td colspan="3">관리 후 피부상태</td></tr>
<tr><td colspan="4"></td><td colspan="3"></td></tr>
</table>

부 록

부 록

1. 전문제품 리스트

※ 전문제품 리스트는 자료 수집의 어려움이 있어 일부 업체만 제공되었으며, 차례는 가나다순으로 제시하였다.

– 브레라인(vrelain) –

제품명	효능 · 효과	주 요 성 분
REVILAIT 리비레이트 임퓨어 지성용 클린징 밀크	피부정화	세이지, 로즈마리, 버찌 추출물, 티트리 엣센셜 오일, 에런스버드 추출물
NORMOLAIT 노멀레이트 정상화 클린징 밀크	피부 재생, 보호막 형성	카모마일 추출물, 말로우 추출물, hydrolyzed silk, 위치 헤즐넛 추출물
UNITONIC 유니토닉 비타민 정화 토너	pH 균형, 리프레싱, 피부 진정	카모마일 추출물, 위치 헤즐넛 추출물, 라벤더 오일, 니올리 오일, 린듀 오일
ESFOLAIN LOZIONE 에스포라인 로션 민감한 피부를 위한 각질제거 로션	각질제거	우레아
ESFOLAIN 에스포라인 크림 각질제거 크림	각질제거, 재생 기능, 피부 탄력	우레아, 스위트 알몬드 오일, essential fatty acids, 라벤더 오일
DETOBAIN 디토바인 정화용 스파 수욕제	리프레싱, 활력, 피부정화 기능 피지와 지방제거	Crataegus 추출물, 알로에 추출물, 동백 추출물, Lindew 오일, 월 넛 훌 추출물
DREBAIN 드레바인 배농 스파수욕제	셀룰라이트제거, 피부정화 피부 보호	아이비, 씨오크, 버찌 추출물, 실크 프로테인
RELABAIN 르라바인 릴렉스 스파수욕제	전신의 릴렉스, 피로회복, 피부를 부드럽고 매끄럽게 유지	카모마일추출물, crataegus 추출물, 말로우 추출물, 실크 프로테인, 오렌지 오일
TONIBAIN 토니바인 탄력 스파수욕제	강한 자극, 재생과 탄력 기능 – 피부보호 기능	홀스테일, 에런스버드의 식물성 추출물, 실크 프로테인
CELLULITIS FOAM BATH 셀룰라이트 폼바쓰	정화기능, 지방제거, 부종제거 모세혈관 강화	하이드로 코틸 추출물, 식물성 복합체(tea, 아이비, bladderwrack), wheat protein
PEARL FOAM BATH 펄폼바쓰	유연, 보습, 소프트닝, 보호 기능	카모마일 추출물, 말로우 추출물, 실크 프로테인, 콘에 베이스를 둔 표면 활성 성분

– 브레라인(vrelain) –

제품명	효능 · 효과	주 요 성 분
FRESHINTIM 프레쉰팀 섬세한 피부를 위한 거품 세정제	개인 위생 및 피부트러블 방지에 사용	티트리 오일, 아일랜드 리첸
EYLAIN 아이라인 아이 리프팅 크림	리프팅, 소프트닝, 보호 기능	징코 추출물, 보리지 오일, 비타민 A, 비타민 E 성분, 하이드로라이즈드 콜라겐
EYLAIN 아이라인 아이 마스크	수분공급, 눈가 탄력감 증대, 보호기능, 다크써클 형성 막아줌	징코 추출물, 카모마일 추출물, 아미노산 보습 복합체
EYLAIN 아이라인 아이 엑티브 솔루션	다크써클, 아이백, 눈가주름 등을 효과적으로 관리	실크 프로테인, 징코 추출물, 카모마일 증류액, 알로에 추출물, 홉스 추출물, 진생 추출물
AXILAIN 엑시라인 센스티브 스킨 엑티브 솔루션	영양공급, 진정, 유연 작용, 항산화 작용, 항노화 작용 예민한 피부, 쉽게 붉어지고, 트고 갈라진 피부용	보리지 오일, 알로에 오일
AXILAIN 엑시라인 센스티브 스킨 마스크	진정과 피부 유연 효과가 탁월	징코 추출물, 빌베리, 체스넛 성분
AXILAIN 엑시라인 센스티브 스킨 크림	피부손상 보호, 주름예방, 피지균형 도와줌	케이퍼버드 추출물, 비타민A, 토코페롤
GENALAIN 제네라인 링클 엑티브 솔루션	보습 기능, 피부재생 기능, 표정주름 예방, 주름형성을 감소	키토산, 장미증류수, 아미노산 보습 복합체
GENALAIN 제네라인 링클 마스크	얼굴에 나타는 표정선과 주름의 형성예방, 안티 에이징	홀스테일 추출물, 아이드로코틸 (hydrocotyl)추출물, 키토산 추출물, 라벤더 오일, 니올리 오일
GENALAIN 제네라인 링클 크림	보호와 유연 기능, 수분유지 주름예방	Shea butter, 조조바 오일, 스위트 알몬드 오일, 키토산
JOSOVREL 조소브렐 임퓨어 스킨 크림	피부정화, 진정, 피지 재균형, 수렴작용	위치 헤이즐 증류액, 조조바 오일, 프로폴리스 추출물, 티트리 오일, beeswax
JOSOVREL 조소브렐 임퓨어 스킨 마스크	청정효과, 보습	프로폴리스 추출물, 말로우 추출물, shea butter, 라벤더 오일, 레몬 오일
JOSOVREL 조소브렐 임퓨어 스킨 엑티브 솔루션	피부정화, 피지균형, 수렴작용, 정화작용	위치 헤이즐 증류액, 프로폴리스 추출물, Hydrolyzed corn, Iceland lichen

– 브레라인(vrelain) –

제품명	효능 · 효과	주 요 성 분
IDROLAIN 이드로라인 하이드레이팅 마스크	보습효과, 수분 유지 주름과 표정선의 형성을 막아줌. 표정선, 주름 예방	키토산, 홉스, 진생의 식물성 성분
IDROLAIN 이드로라인 하이드로필모겐 엑티브 솔루션	보호, 보습	알로에 추출물, 위치 헤이즐 증류액, 타임 추출물, 라놀린
IDROLAIN 이드로라인 하이드레이팅 에버네슨트 크림	얼굴과 목의 보습, 주름완화	키토산, 비첸 하트 추출물
ELAIN 엘라인 토니파잉 엑티브 솔루션	탄력 강화 기능, 보습유지	민들레 추출물, 홉스 추출물, 키토산, 페퍼민트 오일
ELAIN 엘라인 토니파잉 바디 크림	피부탄력 강화와 리프팅, 얼굴축소에 뛰어난 효과 있음 가슴과 힙의 탄력강화	키겔리아 추출물, 홀스테일 추출물, 인삼 추출물, 단델리온 추출물, 밤민트 추출물, couch grass root 추출물
ELAIN 엘라인 토니파잉 마스크	탄력, 재생, 피부강화, 얼굴과 목의 라인을 다시 잡아줌. 가벼운 필링을 통한 피부정화 작용	아이비 추출물, 쥬니퍼 추출물, 민들레 추출물, hydrolyzed- mucopolysaccharides
ELAIN 엘라인 토니파잉 스킨 크림	피부강화, 영양공급, 수분공급, 주름과 표정선을 즉각적으로 관리하며 효과를 오래 지속	키겔리아, 퀼라자, 홉스 식물성 추출물
BREASTLAIN 브레스트라인 가슴 크림	가슴탄력유지	키겔리아. 조조바 추출물, 홉스 추출물, 판테놀
BREASTLAIN 브레스트라인 브레스트 젤 마스크	탄력강화, 재생 기능	진생, 홉스 추출물, 위치하젤 증류액, 인삼 추출물, 판테놀
BREASTLAIN 브레스트라인 브레스트 (힙)솔루션	탄력, 보습, 가슴과 힙의 탄력 강화	키겔리아, 위치하젤 증류액, 장미 증류액, 키토산
CELAIN 셀라인 셀룰라이트 젤	배농작용, 안티 셀룰라이트	페퍼민트 오일, 홀스 체스넛 추출물, bladderwrack 추출물, 콜라 추출물, 구아나라 추출물
CELAIN 셀라인 셀룰라이트 크림	배농작용, 독소배출, 지방분해	홀스 체스넛 추출물, 카페인, niacinamide, 시나몬 오일, 유칼립투스 오일

- 브레라인(vrelain) -

제품명	효능 · 효과	주 요 성 분
VIBEXLAIN 비벡스라인 스트레치마크 크림	튼살의 예방, 재생, 보습, 탄력	미모사 테뉴이플로라 추출물, peach kermel 오일, coneflower angustifolia roots 추출물, hypericum 추출물
VIBEXLAIN 비벡스라인 스트레치마크 시너지	보습, 재생, 튼살완화	coneflower angustifolia roots 추출물, glycyrrhetinic acid, liguorice 추출물
DETOERB 75 ml 디토르브 정화 시너지	피부정화, 안티셀룰라이트	타임오일, 세이지 오일, 라벤더 오일, 실반파인 오일, 스위트 마조람 오일, 밤민트 오일
DECOERB 75 ml 디코르브 진정 시너지	진정, 정화, 안티셀룰라이트	오렌지 오일, 니올리 오일, 라벤더 오일, 머틀 오일
DRENERB 75 ml 드렌르브 정상화 배농 시너지	피부정화, 탄력강화	타임오일, 세이지 오일, 라벤더 오일, 린듀 오일, 레몬 오일, 일랑일랑 오일
TONIERB 75 ml 토니르브 탄력 시너지	재생, 정화	타임 오일, 세이지 오일, 쥬니퍼 오일, 레몬 오일, 페퍼민트 오일
OXIERB 75 ml 옥시르브 재생 시너지	피부정화(미백) 기능 피부의 재생에 추천	타임 오일, 세이지 오일, 쥬니퍼 오일, 레몬 오일, 로즈마리 오일
DETOTAO 75 ml 디토타오 정화 컴파운드	피부정화, 재생, 탄력	쥬니퍼 추출물, 민들레 추출물, 타임 추출물, 시나몬, 쥬니퍼, 로즈마리, 세이지
DECOTAO 75 ml 디코타오 진정 컴파운드	진정, 소프트닝, 정화 기능	위치 헤이즐 추출물, 카모마일 추출물, 밤민트 추출물, 말로우 추출물, 시계풀 추출물
DRENTAO 75 ml 드렌타오 배농 정상화 컴파운드	배농, 보습, 탄력, 재생 기능 조직속 정체액의 축적을 제거	위치 헤이즐 추출물, 홉스 추출물, 오렌지 추출물, 동백 추출물
TONITAO 75 ml 토니타오 탄력 컴파운드	탄력 강화, 재생, 자극 기능과 피부정화 기능	쐐기풀 추출물, 타임 추출물, 홀스 체스넛 추출물, 밤민트 추출물, 인삼 추출물
OXITAO 75 ml 옥시타오 재생 컴파운드	재생, 탄력, 피부정화(미백) 기능을 하며 생기를 잃고 지친 피부를 정상화	동백 추출물, 아르니카 추출물, 시나몬, 로즈마리

– 소티스(SOTHYS) –

제품명	효능 · 효과	주 요 성 분
노말라이징 뷰티밀크	자몽추출물 5%, 코코넛 오일	살균, 수렴, 유연
노말라이징 로션	St.John s wort 2.5%, 위치하겔 오이추출물	보호, 유연, 보습
소프트닝 뷰티밀크	알로에베라0.1%, 비타민E	보습, 유연
소프트닝 로션	꿀 추출물 2%, 위치하젤	유연,영양공급, 보습, 수렴
수딩 뷰티밀크	아보카도오일 4.5%, 코코넛오일 무향	유연, 보습, 유연
수딩 로션	알란토인 0.3%, 무향, 무알콜 카모마일	진정, 유연, 항염, 진정
퓨리파잉 뷰티밀크	캄파0.1%, 무향, 레시틴	소독, 진정, 수렴, 항염
퓨리파잉 로션	로즈마리추출물 0.2%, 세이지, 캄파 위치하겔, 무향	소독, 소독, 수렴,
클리린스 뷰티밀크	살구씨오일, 아르니카	진정, 보호, 유연, 진정
클리린스 로션	비오칼민, 아르니카, 루틴염	혈관벽 강화, 보호, 유연, 진정 혈액순환
퓨리화잉포밍젤 (PH 5~5.5)	프로폴리스1.1%	항박테리아 작용, 과다 피지조절
모닝클린저 (PH 5.5~6)	스위트아몬드오일, 비타민 B5, F 카모마일, 시어버터 3% 계면활성제	유연, 보습, 유연 피부밸런스 유지
화이트 크림무쓰	파파야, 레몬, 인공감미료복합체 화이트차 추출물, 카모마일 카밀레 추출물	각질제거, 멜라닌 작용
바이올로지칼 스킨 필링 (고마쥬)	귀리추출물20%, 꿀추출물 캐롭검	유연, 정화
데스까크림	위트코코아미노산 (Wheat Cocoaminoacid)	블랙헤드, 화이트헤드 제거, 미백

– 소티스(SOTHYS) –

제품명	효능 · 효과	주 요 성 분
이뮤니시엉스 플뤼드	Centaurium3%, Osmocide 10% 포토닐2%, 자외선차단필터 무향, 무색	화끈거림, 붉은기 감소, 항염 진정, 유연, 피부면역강화
이뮤니시엉스 크림	피토덤5%, 필라그리놀, 포토닐2% 세이지스베키아3%, 자외선차단필터 무향, 무색	화끈거림, 붉은기 감소, 항염 진정, 유연, 피부면역강화
이뮤니시엉스 앰플	알란토인, 푸코젤, 포토닐 감초추출물, Lily꽃, 비타민E	진정, 항염, 보습, 면역 강화 상처치유, 피부방어기능 강화
이뮤니시엉스 마스크	위치하겔5.1%, 오스모시드3% 포토닐, 아보카도오일 카올린, 무색, 무향	충혈완화, 수렴, 유연 피부면역강화, 진정, 정화
퓨리파잉 세럼/앰플	비타민A, 티타늄 파우더, 아이리스, 에탄올 30%, 감초 추출물, 지의 추출물	상처치유, 재생, 피지흡착, 모공수축, 수렴, 충혈완화, 소독, 항염 항박테리아, 항균
오일컨트롤 세럼	크레송, 레몬추출물, 담쟁이덩굴 거품장구채, 샐비어, 비타민복합체	피지분비 조절, 수렴, 정화, 토닉 세포재생, 충혈완화, 세정, 항염
하이드라 매트 플뤼드	티타늄파우더1.5%, 이스트추출물 아몬드단백질1,8%	과다피지흡착, 매트정화, 피지조절, 유연, 보습
액티브 크림	옥수수추출물0.1%, 감초추출물0.2% 알란토인0.02%	세포재생, 상처치유, 염증예방 진정
압소번트 마스크	카올린, 티타늄, 살구씨분말 멘톨	피지흡착, 정화, 미백, 모공수축
퓨리파잉 세럼/앰플	비타민A, 티타늄 파우더, 아이리스 에탄올 30%, 감초 추출물, 지의 추출물	상처치유, 재생, 피지흡착, 모공수축, 항박테리아, 항균
오일컨트롤 세럼	크레송, 레몬추출물, 담쟁이덩굴 거품장구채, 샐비어, 비타민복합체	피지분비 조절,수렴, 정화, 토닉 세포재생, 충혈완화
하이드라 매트 플뤼드	티타늄파우더1.5%, 이스트추출물 아몬드단백질1,8%	과다피지흡착, 매트정화, 피지조절, 유연, 보습
액티브 크림	옥수수추출물0.1%, 감초추출물0.2% 알란토인0.02%	세포재생, 상처치유, 염증예방 진정
압소번트 마스크	카올린, 티타늄, 살구씨분말, 멘톨	피지흡착, 정화, 미백, 모공수축 진정, 프레쉬

– (주)예담코스메틱 –

제품명	효능 · 효과	주 요 성 분
바이오 포오스(Bio Force) 제품		
바이오 포오스 –티슈리빌더(노화)	세포재생, 주름억제, 수분공급 적용 : 노화, 재생 저하 피부	해양세포 추출물, 마린 엘라스틴, 레퍼민, 벅윗 추출물
바이오 포오스 –화이티닝(색소)	티로시나제 활동 억제 적용 : 기미, 색소침착 피부	해양세포 추출물, DVC, 비타민C, 클라리스킨
바이오 포오스 –모이스춰&뉴트리션(수분)	수분공급 적용 : 모든피부, 악건성	해양세포 추출물, 마린 콘드로이틴 썰페이트, 우레아, 글리세롤
바이오 포오스 –센스티브&레드니스(예민)	모세혈관강화 적용 : 예민과 모세혈관 확장피부	해양세포 추출물, 파일럿 사포닌, 징코빌로바
바이오 포오스 –안티 톡신(지성, 여드름)	피지조절 적용 : 스트레스성 여드름, 오일리 피부	해양세포 추출물, 바이오 덱스트롤
바이오 액티브 냉동 영양크림 –면역 강화 크림	피부의 면역시스템과 케라티노 사이트의 활성을 강화 적용 : 예민, 박피 후 재생, 출산 후 예민, 알러지, 면역기능 저하된 피부	TBC–티뮬린 바이오 펩티드, 히아루로닉 애시드, 보타니칼 텐싱
바이오 옵틱(Bio Optic) 제품		
바이오 옵틱 아이 리무버–젤	눈 화장 깨끗이 지움 적용 : 눈가, 입술화장	증류된 로즈워터
바이오 옵틱 아이 크림 –눈가 보습 크림	눈가의 보습, 잔주름, 늘어짐 예방 적용 : 눈가 건조, 잔주름 피부	카모마일, 징코빌로바, 카렌듈라
바이오 옵틱 마이크로 콜라겐 젤–리프팅 젤	눈 밑 늘어짐 예방, 주름완화 적용 : 눈 주위의 늘어진 피부	마이크로 콜라겐, 엘라스틴
바이오 옵틱 트윈 패치 –눈가 배농 패치	텐싱효과, 보습효과 적용 : 눈의 부종, 다크써클 부분	징코빌로바, 부종방지 성분
바이오 옵틱 캡슐–영양 캡슐	눈가 주름방지, 영양공급 적용 : 눈 주위(건조, 주름)	실록스, 그린티, 호스테일

– (주)예담코스메틱 –

제품명	효능 · 효과	주요성분
슈크림 디에이치이 에이지(Supream DHE.Age) 제품		
슈프림 DHE.Age 밀크 클렌징	피부 탄력, 재생, 보습 적용 : 노화피부	디오스게닌, 아보카도, 알란토인
슈프림 DHE.Age 토너	피부보습, 재생, 탄력 적용 : 노화피부	디오스게닌, 센틸라 아시아티카
슈프림 DHE.Age 인텐시브 세럼	호르몬 보충, 영양 · 재생 · 탄력 적용 : 노화피부	야생얌, 폴리리프트, 레퍼민
슈프림 DHE.Age 울트라 인텐시브	탄력, 피부색 개선, 피부 유연 적용 : 여드름 피부, 악건성 피부	디오스게닌, 트리티졸, 베제세릴, 씨 콜라겐
슈프림 DHE.Age 라이트 크림	피부재생, 보습 · 진정 적용 : 건조피부	야생얌, 통비셀, DNA, 비타-라이크
슈프림 DHE.Age 리치 크림	피부재생, 보습, 탄력 강화 노화 피부	야생얌, 베제세릴, 뉴트리스킨
슈프림 DHE.Age 필링 마스크	건조피부, 탄력 강화 적용 : 악건성, 예민, 여드름, 박피 후 재생피부	디오스게닌, 프로잔 130
슈프림 DHE.Age 필링 플루이드	필링마스크를 굳혀주는 역할 반드시 필링 마스크와 함께 사용, 맨얼굴에는 바르지 않음	디오스게닌, 플라스틱화와 필모제닉적인 성분
슈프림 DHE.Age 패치	악건성 건조, 소양증	디오스게닌, 호프, 사이프러스 에센스 오일, 일랑일랑, 사루비아 잎

– (주)예담코스메틱 –

제품명	효능 · 효과	주요성분
스킨 트랜스퍼 시스템(Skin Transfer System) 제품		
하이드라 로션(수분토너)	수분공급, 자생력 강화 적용 : 유 · 수분 건조피부	아쿠아 필린, 멜로우, 카모마일
하이드라 플루이드 (수분 플루이드)	수분공급, 수분증발억제 적용 : 유 · 수분 건조피부	아쿠아필린, 레버비슨, 알로에베라
하이드라 크림(수분크림)	피부톤, 탄력 강도 회복 적용 : 유 · 수분 건조피부	아쿠아필린, 아프리콧밀크
하이드라 마스크 (수분 마스크)	수분 공급 및 유지 적용 : 유 · 수분 건조피부	아쿠아필린, 아이드레이팅 마이크로패치
뉴트리 밀크 클렌징	지질합성, 항산화, 항염 적용 : 유 · 수분 건조피부	리피드 에센스, 라즈베리씨 오일
뉴트리 플루이드 (영양 플루이드)	불포화 지방산, 건조표피 개선 적용 : 유 · 수분 건조피부	리피드 에센스, 쇼레아버터
뉴트리 크림(영양 크림)	세포간지질 보충, 탈수방지 적용 : 유 · 수분 건조피부	리피드 에센스, 세라마이드
뉴트리	수분 보유력 강화 적용 : 유 · 수분 건조피부	리피드 에센스, 세라마이드
화이트 퍼펙트(White Perpect) 제품		
엔자임 매틱 로션 –화이트닝 토너	피부정화, 화이트닝 작용 적용 : 색소, 어두운 안색 피부	더마화이트, 키위워터
멜라노 소프트 플루이드	색소제거, 보습효과 적용 : 색소, 어두운 안색 피부	더마화이트, 키위워터, 비타민E
도파퀴논 세럼 –색소조절 세럼	색소차단, 색소조절 적용 : 색소, 어두운 안색 피부	알바틴 성분
티로신 세럼 –색소 예방 세럼	색소차단, 색소예방 적용 : 색소피부(기미, 주근깨, 검버섯)	더마화이트 성분
옥시미네랄 마스크 –화이트닝(색소)	불순물 흡수, 피부정화, 색소감소 적용 : 어두운 안색, 기미, 탁한 피부	그린 클레이, 티타늄 디옥사이드, 레몬에센셜
콜드 마스크–모든피부	모공축소, 피부탄성, 배농작용 적용 : 노화, 모든 피부	그린클레이, 로즈마리, 카모마일, 페퍼민트

– (주)예담코스메틱 –

제품명	효능 · 효과	주요성분
노바시드+(Novacid+) 제품		
노바시드+ 밀크클렌징	클렌징작용, 안색정화 작용 적용 : 색소, 노화피부	젖산, 코튼밀크
노바시드+ 모이스춰라이징 로션	피부정화, 유연, 보습작용 적용 : 색소, 노화, 과각질 피부	만델산, 아쿠아실
노바시드+ 필 오프 스크럽	피부재생, 색소 조절 효과 적용 : 색소, 노화, 과각질 피부	알루미늄 옥사이드 크리스탈
노바시드+ 익스폴리에이팅 세럼	피부재생, 색소조절 적용 : 색소, 노화, 과각질 피부	글리콜릭산, 젖산, 살리실산
노바시드+ 리제너레이팅 크림	재생, 영양공급 적용 : 색소, 노화, 과각질 피부	점액산, 주석산, 산소공급 성분
노바시드+ 리제너레이팅 마스크	피부정화, 매끄러움, 보습작용 적용 : 색소, 노화, 과각질 피부	아스코르브산, 피토수쿠알렌
노바시드+ 모이스춰라이징 플루이드	재생, 보습작용 적용 : 색소, 노화, 과각질 피부	사과산, 구연산, 히알루산
노바시드+ 아이 존 세럼	눈가 재생, 영양공급 적용 : 눈 주위, 입 주위	점액산, 살리실산, 산소공급 성분
아로마 센스티브(Aroma Sensitive) 제품		
플로랄 밀크 클렌징	피부안정, 염증방지 적용 : 예민한 모든 피부, 아토피 피부	센실린, 카모마일, 카렌듈라
플로랄 젤 크린저	피부안정, 진정 적용 : 예민 피부	젠틀클렌징 베이스, 하마멜리스
플로랄 스킨 토너	진정작용, 항 염증작용 적용 : 예민한 피부	레몬밤, 베르베나, 라벤더, 아니스
디펜스 세럼–혈관 강화 세럼	모세혈관강화, 피부재생 적용 : 혈관에 문제 있는 모든 피부	센실린, 피토토닌, 알로에베라
피토 세럼–수렴 · 항염 세럼	항–염증작용 적용 : 예민 피부	지성 : 버독, 아이비, 사포닌 건성 : 아르티카, 엘더, 멜로우 과예민 : 카렌듈라, 카모마일 노화 : 에퀴세덤, 아보카도
수딩 피토–진정 크림	염증물질 차단, 진정작용, 혈관 복구 적용 : 예민한 지성, 건성, 노화, 혈관문제 피부	센실린, 인히파즈, 카렌듈라, 카모마일
센스티브 마스크 –진정 크림 마스크	피부안정, 진정효과 적용 : 예민, 아토피, 알러지, 일광후 화상 피부	센실린, 피토토닌, 조조바오일
아로마 오일 에센스	진정작용, 영양공급 적용 : 예민 피부	과예민 : 로즈우드, 제라리움
크로마틱 마스크 –진정 고무 마스크	피부안정, 재생작용 적용 : 예민 피부	예민 : 리코리스, 패션 플라워

– (주)예담코스메틱 –

제품명	효능 · 효과	주 요 성 분
바이오 퓨어(Bio Pure) 제품		
바이오 퓨어 밀크 클렌징	피지조절, 수렴효과 적용 : 피지 과다 여드름 피부	썬플라워, 카렌듈라, 사즈
무스넷-폼 클렌징	피지조절, 수렴효과 적용 : 예민한 여드름 피부	아크넷, 리파 애시드
바이오 퓨어 젤 클렌징	피지조절, 수렴효과 적용 : 비누대신 사용(아침, 저녁)	무 알카리, 버독, 세이지
바이오 퓨어 토너	피지조절, 수렴효과 적용 : 피지과다 여드름 피부	세이지, 마리골드, 민트
셀보젤-피지 조절 에센스	피지조절 적용 : 지성, 여드름 피부	바이오 덱스트롤
세보컨트롤-항염 세럼	피지조질, 항염 적용 : 심한 피지, 염증 피부	아이리스 씨토비올
하이드라 젤-피지 조절 젤	피지조절, 진정작용 적용 : 붉고 예민한 여드름 피부	퓨코겔, 아이리스 씨토비올
하이드라 소프트 크림 -건조지성 크림	피지조절, 보습작용 적용 : 건조, 여드름 피부	카렌듈라, 카모마일
이퀴-멧 영양크림 -피지조절 크림	피지조절 적용 : 지성, 여드름 피부	폴리메르, 아이리스 씨토비올
세럼 7번-피지조절 세럼	피지조절, 유연함 적용 : 지성, 여드름 피부	프로폴리스, 카렌듈라오일
보메 7번-지성 마사지 크림	피지조절, 부드러운 표피구성 적용 : 지성, 여드름 피부	캄파, 멘톨, 헤즐넛, 로즈마리, 레몬, 라벤더 에센셜오일
클리닝 마스크-지성피부	피부정화, 피지조절, 항 박테리아 작용 적용 : 여드름, 오일리 피부	그린클레이, 캄퍼, 로즈마리, 클로버, 타임 에센스오일

2. 고객카드

Skin Care Clinic Chart

Name:	Date of Birth:
Address:	TEL:
Married Statue:	Sex:
Sickness or Medication	
Skin Allergies	
General information	

1. skin texture
   thin☐ thick☐ medium☐

2. acne condition
   non-inflammatory: whiteheads☐ blackheads☐
   inflammatory: pustule☐ nodule☐
   enlarged pores☐ acne scars☐

3. pigmentation
   even☐ uneven☐ birthmarks☐
   pregnancy mask☐ some freckling☐
   heavy freckling ☐

4. broken capillary
   nose area☐ cheek area ☐ chin area☐
   nose☐ forehead☐

5. facial wrinkles
   deep wrinkles☐ cow's feet☐
   fine lines throughout face☐

6. muscle tone
   good☐ fair☐ fallen☐

7. your skin type
   oily☐combination☐dehydrated☐dry☐
   sensitive☐ problem acne☐

Cosmetic Prescription

- cleanser :
- tonic :
- essence :
- eye care :
- other :

▶ Comment :

▶ Comment :

– D D F –

SKIN CARE CHART

성　명 :	생년월일 :	
주　소 :		
전화번호(집) :	직 장 :	
성　별 :	미 혼 :	
가족현황 :		
유전적 질병 :		
병　력 :		
복용하는약 :		
스킨알러지 :		
생리주기 :	피임약 :	
수면상태 :		
운　동 :		
세안습관 :		
기초 사용제품 :		
자기 관리법 :		
방문동기 : 광고-	지인소개-	기타-
기　타·		

Skin analysis

- texture(피부두께)

1) thin-얇다. 2) normal-정상 3) thick-두껍다

- sebaceous secretion(피지분비)

1) dry: 부족　　2) normal: 정상

3) oily: 지성　　4) comedo: 면포

5)acne - 화농성 여드름

- hydration(수분상태)

1) superficial dehydration-표피 표면의 수분부족

2) deep dehydration- 진피층의 수분 부족

3) wrinkle: 주름

- circulation(혈액순환)

1) erythrosis - 모세혈관 확장증

2) couperose - 모세혈관 파혈증

- sensitivity(예민도)
- pigmentation(색소)

1) freckles-주근깨　　2) chloasma-임신성 기미

3) brown spots-검버섯

- elasticity(탄력도)
- 기타:

피부타입:

Advice:

TREATMENT SCHEME:			
DATE	0PROCESS	TREATMENT	REMARK

더마프린트 차트

♠ 더마솔루션 고객 앙케이트

이름 :________________ 타이틀 : Mrs. Miss. Ms. Dr. Mr. 성별 : M F

주소 :____ 생년월일 :______/_____/_____

결혼여부 :________________

자택전화번호 : ____________ 직장전화번호 :__________ 기타 전화번호 :__________

가장 좋은 예약 요일과 시간 :____________________ 직업 :____________________

관리실에 정보를 어떻게 알았나요? ____

나의 피부에 대해 체크해 봅시다.

모공의 크기	매우 작다	작 다	보 통	크 다	매우 크다
피지분비시간	세안 후 12~14시간	세안 후 10~11시간	세안 후 7~9시간	세안 후 4~5시간	세안 후 3시간 이내
피지 부위	코 부분	눈머리 사이	눈동자 안쪽 사이	눈꼬리 사이	얼굴 전체

특별히 신경쓰는 스킨케어 부분은 지금 어떻게 피부관리를 하고 있나요?

	얼굴	몸		얼굴	몸
노화/자외선 반점(검버섯)			화이트 헤드		
블랙 헤드			건조하여 갈라진 팔꿈치/무릎		
부스럼			튼살		
눈에 띄는 모세혈관			푸석푸석하고 부은 피부		
탈수			팽팽함을 잃음		
건성, 각질화 피부			셀룰라이트		
잔주름/진한주름			등 / 가슴 여드름		
지성			살로 파고드는 털		
예민			면도로 인한 자극		

매일 피부관리에 투자하는 시간은 ?			5분 이하	5~15분	15분 이상	
피부관리를 어떻게 하고 있나요?		가장 가깝다고 생각되는 란에 체크하세요.				
	지금 사용중인 제품 브랜드명과 타입	아침&저녁	아침에만	저녁에만	때때로	전 혀
크렌징						
토너						
엑스폴리언트						
마스크						
모이스춰라이저 (세럼, 에센스, 앰플, 젤)						
모이스춰라이저 (영양 크림)						
썬프로텍션 (SPF)						
아이 케어						
화운데이션						
기타						

다음 중 피부에 했던 란을 체크하세요.: 언제?

글리콜릭엑시드 (AHA) 필링	
케미컬 필링	

아큐테인 (경구용 레틴 A)	
레틴 A	
피부암 수술	
더마브레이션	

실리콘이나 콜라겐 주입	
성형 수술	

생활 습관과 환경

생리전 여드름이 생기나요	예	아니오	
평상시 스트레스 정도	낮 다	보 통	높 다
육체적 활동 수준			
다이어트-일상적인 식습관	낮 다	보 통	높 다
흡연			
지방			
탄수화물			
설탕			
음주			

현재 어떤 건강 전문의에게 다니고 있나요?	v = yes
성형외과 의사	
피부과 의사	
내분비과 의사	
한의사	
영양사	
기타	

비타민이나 건강 보조 식품	
브랜드 명	목 적

현재 사용중인 약품 (항생제, 항스타민제, 홀몬이나 피임제)	
약물명이나 브랜드명	이유나 목적

현재 사용중인 여드름 약품 체크	V=yes
벤조일 퍼옥사이드-브랜드 명	
레틴 A -크림, 젤, 로션	
아큐테인	
에리트로마이신	
테트라사이클린	
기타	

여드름을 경험한 가족	나 이	
	시작	끝

여드름에 관한 보충설명	YES	NO
여드름이 시작된 나이		
설파에 알러지가 있나요?		
사우나를 자주 이용하세요?		
화학물질, 타르, 오일, 밍크 등의 주변에서 이하세요?		
섬유 유연제를 사용하세요?		
다음을 규칙적으로 드세요?-해초		
-다시마		
-바다소금		

기타 사용 중인 화장품		
	브랜드명	의견
화운데이션		
볼터치		
헤어 제품		

메디컬 히스토리					
증상	달/년	증상	달/년	증상	달/년
여드름		당뇨병		전염병	
탈수증		습진		뇌막염	
알콜중독		콘택트 렌즈		생리전 증후군	
무좀		만성 피로		소화불량	
등의 통증		건초열		금속물질	
고혈압		심장병		손톱 무좀	
저혈암		혈우병		심장박동 조절기	
암		간염		보철	
폐쇄공포증		인체면역결핍바이러스(AIDS)		건선	
변비		홀몬 이상		틀니	
구리 IUD		저혈당증		갑상선 문제	
피부염		자궁절제술		정맥류	

고 객 카 드

고객 성명 :____________________ 관라사 성명 :____________________

고객주소 :_____________________________ 전 화 ○집 ○직장(_____ ________)

상담 일자______________ 생일__________ ○21세 이하 ○21~30 ○41~50 ○50세 이상

고객 경력

1. 1년이내 또는 현재 의사의 치료를 받고 계십니까? ○예 ○아니오
2. 지난 9개월 이내에 수술을 하셨나요?________________
3. 과거 또는 현재 어떠한 건강 문제를 갖고 계십니까?
   ○암 ○호르몬의 과부족 현상
   ○당뇨병 ○자궁절제술
   ○간질 ○갑상선
   ○심장질환 ○정맥류
4. 정기적으로 약이나 비타민제를 복용하시는 것이 있습니까?
   약:____________________
   비타민:________________
5. 흡연하십니까? ○예 ○아니오
   화학필링을 하셨습니까?
   ○예 ○아니오
   레틴 A를 사용하십니까?
   ○예 ○아니오
   여드름 약인 Accutane을 사용하신적이 있습니까? ○예 ○아니오
   체중조절 다이어트를 하십니까?
   ○예 ○아니오
   규칙적으로 운동을 하십니까?
   ○예 ○아니오
   머리 염색, 하이라이트, 화학적인 탈색을 하셨습니까? ○예 ○아니오
   콘택트 렌즈를 착용하셨습니까?
   ○예 ○아니오
   금속 수술장치나 박동기를 했습니까?
   ○예 ○아니오
6. 세안하는 물의 온도는 어떻습니까?
   ○찬물 ○미지근한물 ○뜨거운물
7. 얼굴에 특별한 피부 문제를 갖고 계십니까? ○예 ○아니오
8. 몸에 특별한 관심이 필요한 부위가 있습니까? ○예 ○아니오
   있으시다면 ________________
9. 현재 사용하고 계신 피부 관리 제품의 종류는 어떤 것인가요?
   ○비누 ○토너 ○마스크 ○클렌저
   ○모이스춰라이저 ○스크럽 / 필링제
   ○그 외:________
10. 전에 바디 스파 트리트먼트를 받아본 적이 있습니까? ○예 ○아니오
    있다면 어떤 트리트먼트인가요?

*** 여성 고객만 기입하세요**

11. 피임약을 복용하시고 계십니까?
    ○예 ○아니오
12. 임신 중이거나 계획하고 있습니까?
    ○예 ○아니오

*남성 고객만 기입하세요

13. 현재 사용하는 면도기의 종류는?
    ○수동 ○전기
14. 면도 후 자극을 경험한 적이 있습니까? ○예 ○아니오

피지분비

1. 낮이 되면 번들거리고 얼굴에 기름이 도는 현상을 느끼십니까?
   ○예 ○아니오
2. 피부 여드름을 경험하십니까?
   ○가끔 ○예 ○아니오

수분공급

1. 하루에 얼마만큼의 물을 드십니까?
   ____
2. 이뇨제나 변비약을 복용하십니까?
   ○가끔 ○예 ○아니오
3. 일주일에 술을 얼마나 드십니까?
   ○1~3회 ○4회 이상
4. 아래와 같은 피부증상을 경험 하셨습니까?
   ○각질탈락 ○당김 ○ 심한 건조
5. 일광욕을 할 때 선스크린이나 선블럭을 사용하십니까?○예 ○아니오

모세혈관 활동

1. 적당한 일광에 쉽게 탑니까?
   ○예 ○아니오
2. 흥분하면 쉽게 붉어집니까?
   ○예 ○아니오
3. 평상 시 피부가 쉽게 붉어지는 경향이 있습니까? ○예 ○아니오
4. 비염으로 고생하신 적이 있습니까?
   ○예 ○아니오

신경 활동

1. 카페인 음료를 마십니까?(커피, 차 음료) ○예 ○아니오
2. 자극제나 슬리밍 제품을 복용하십니까? ○가끔 ○예 ○아니오
3. 통증을 참을 수 있다고 생각하는 정도는? ○상 ○중 ○하
4. 밀실공포증을 느끼신 적이 있습니까? ○예 ○아니오
5. 좋아하는 마사지 압력의 정도는?
   ○약하게 ○중간 ○강하게
6. 아래와 같은 것에 특별한 반응 사항이 있습니까?
   ○화장품 ○꽃가루 ○동물
   ○약품 ○음식 ○향
   ○요오드 ○AHA ○선스크린
   ○기타:

매 방문 시 반복되는 질문

1. 현재 생리중 입니까?○예 ○아니오
2. 최근 치과 X-레이를 찍으셨습니까?
   ○예 ○아니오
3. 새로운 약을 먹기 시작 했습니까?
   ○예 ○아니오
   있다면____________________

TREATMANT/ PRODUCT RECORD

날 짜	사용제품	관리가격	구입한 제품	증정용 샘플

Dermalogica

성　　명		성　　별	
생년월일		연　　령	
주　　소			
직　　업		전　　화	
기　　타			

체 형 타 입
1. 메마른형(Leptosom)
2. 스포츠형(Athletiker)
3. 여성형(Pykniker)

고객의 피부 유형 진단카드　　　**Skin Analysis**

중　　성	normal skin
지　　성	oily skin-oleosa Sicca
건　　성	sebostase
복　합　성	combination
위축, 조기노화	atropy skin
예　　민	sensitive skin

	기능저하	정상기능	기능저하
피지의분비			
수분보유량			
각질의상태			
모공의크기			
피부의두께			
탄력상태			
예민상태			
혈액순환			
기　타			

일 자	클렌징	필 링	앰 플	마사지	팩	마무리	홈케어	비 고

밀라코리아

SKIN CARE CLINIC CHART

Name:		date of birth:	
address			
tel(h)		(b):	
married status		sex	
referred by		publication	
date of first visiting			
general information			
family physician			
sickness or defect			
contact lens:		birth control pill	
skin allergies			
skin analize & coment			
Cosmetics Prescription			
date	cosmetic recomend	price	remark

TREATMENT RECORD

DATE	AREA	TREATMENT	

참고문헌

강성심 외, 피부과학 Dermatology, 훈민사, 2001.
강수경 외, 기초피부관리실습, 현문사, 2000.
강수경 외, 피부관리학, 청구문화사, 2002.
강수경, 살롱트리트먼트, 청구문화사, 2003.
강수경, 중년여성의 안면 피부상태와 관련요인, 조선대학교 대학원, 박사학위논문, 2004.
강수경, 피부미용실무연구 방법론, 에스테틱지, 2000 - 43호.
강신옥 외, 살롱트리트먼트, 훈민사, 2004.
고혜정 외, 에스테티션을 위한 살롱트리트먼트, 정담미디어, 2005
김광옥 외, Basic Aesthetic, 성화, 2001.
김귀정 외, 경락과 한방피부미용학, 수문사, 1999.
김기연 외, 피부관리학, 수문사, 1997.
김덕록, 화장과 화장품, 답게, 1997.
김명숙, 피부관리학, 현문사, 2003
김명자, 화장품의 세계, 정음사, 1985.
김문주 외, Body Treatment, 청구문화사,
김복희, 뉴-피부미용혁, 양생의학시.
김봉인, 에스테틱실기, 화장품신문사, 1996.
김석민 외, Cosmetic Dermatologe, 정담미디어, 2004.
김연주, 화장품과학, 청구문화사, 1999.
김영미 외, 메디칼 스킨케어, 임송출판사, 2003.
김유정, 피부관리학, 현문사, 2002.
김종대 외, 최신피부관리학, 고문사, 2000.
김종대 외, 피부관리학, 고문사, 1994.
김해남, 기초피부과학, 정담, 1999.
김현주 외, 에스테틱 살롱 트리트먼트, 정담, 2000.
대한피부과학회지, 피부과학, 여문각.
성경제 외, 한국형 여드름 중증도 시스템, 대한피부과학학회지, 2004.
손영화, 메주콩의 피부미용 효과, 건국대학교 대학원, 2005.
안정림, 기능성 화장품의 정의와 동향, 대한 화장품학회, 제 23권 1호, 1997.
안현경 외, 피부관리기기학, 청구문화사, 1997.
이선영, 바이오 코스메틱스 연구와 실습, 중원 코스메틱, 1992.
이세원, 노화피부에 대한 초음파의 효과, 연세대학교 대학원, 2001.
이승헌 외, 메디칼 스킨케어, 여문각, 2004.
이현옥, 기능성 화장품 사용도구와 구매 행동에 관한 연구-외모관련 변인과의 관계를 중심으로-, 영남대학교, 석사학위논문, 1998.
차영애 외, 피부관리학, 훈민사, 2002
채순님 외, 피부미용기기학. 정담미디어, 2004.
하병조, 아로마테라피, 수문사, 2000.

하병조, 화장품학, 수문사, 1999.
한도숙, 피부 노화 방지를 위한 효율적인 피부관리 방법에 관한 연구, 중앙대학교 대학원, 2005.
한영숙 외, 소독·전염병학, 수문사, 1999.
황정원, 화장품학, 현문사, 1995.
Aesthetics the therapist theory & practice, Ann Hagman, 1991Acne, William J Canliffe, 1989.
Baumann, Leslie., The skin type solution, MetaBeauty, Inc., 2006.
Lia Schorr and Shari Sims, SalonOvations" advanced skin care handbook, Albany, N.Y, Milady., 1994.
Mark Lees, Skin Care : Beyond the Basics, Thomson Learning, 2002.
The Complete Book of Essential oils & Aromatherapy, Valerie Ann Worwood.
吉田西亨, エステ 教本 Vol 1,2,3.
美肮 事典, Elegance Book, 1991.
香粧品の 有用性 評価法・測定法 , フレグランス ジャナル 社.

『인터넷 사이트』
http://makeup1020.com/main/main.html
http://myhome.shinbiro.com/~kjtiger/home.htm
http://www.cmadedicos.co.kr
http://www.daum.net
http://www.dermalogicakorea.co.kr
http://www.nadomiin.com/html/mainm.html
http://www.naver.com
http://www.shiseido.co.jp
http://www.sothys.co.kr
http://www.womenfitness.net/beauty/skin/skintypes.htm
http://www.yahoo.com
http://www.yonka.co.kr

『자료제공』
(주) P.C.K(프레스티지 코스메틱코리아)
CMA메디코스
DIBI화장품
SOTHYS(STS)
닥터 림플러
달핀화장품
르본 화장품
에버아트(GM. COLLIN)
예담 코스메틱
일진화장품(드끌레오)
펜타논 화장품

찾아보기

INDEX

[T]

[V]

[W]

살롱에스테틱

2008년 3월 20일 초판발행
2011년 8월 20일 초판2쇄발행
2019년 8월 20일 초판3쇄발행

지은이 강수경 · 김경란 · 김숙경 · 박경순
박정신 · 정주미 · 최미옥 · 최수미

펴낸이 이상태
펴낸곳 청구문화사
주 소 (03706) 서울특별시 서대문구 성산로11길 15
전 화 02) 332-0541(代) **팩 스** 02) 337-9577
등 록 1990년 11월 2일 제9-247호

정가 15,000원

ISBN 978-89-5616-241-6 93590